图解
数控铣削编程与操作

魏长江　许迪迪　主编

科学出版社
北京

内 容 简 介

本书共12章，主要以图解形式介绍数控铣床（加工中心）的编程和操作的方法及步骤。内容包括：数控铣削（加工中心）加工的基础知识和编程方法，数控铣削工艺及刀具功能、数控铣削的编程基础、数控机床的面板功能，以及平面铣削、外轮廓和内轮廓铣削、孔加工（固定循环的使用）、宏程序应用等。

本书使用FANUC数控系统。学习者可以通过完成从简单到复杂的综合性学习项目，逐步掌握解决实际问题的方法，具有较强的实用性。

本书可供广大数控机床从业人员，尤其是青年员工阅读，也可供工科院校数控专业师生参考。

图书在版编目（CIP）数据

图解数控铣削编程与操作/魏长江，许迪迪主编. —北京：科学出版社，2015.7

（看图学数控编程与操作）

ISBN 978-7-03-044539-1

Ⅰ.图… Ⅱ.①魏… ②许… Ⅲ.①数控机床–铣床–程序设计–图解②数控机床–铣床—金属切削—图解 Ⅳ.TG547–64

中国版本图书馆CIP数据核字（2015）第122044号

责任编辑: 张莉莉 杨 凯 / 责任制作: 魏 谨
责任印制: 赵 博 / 封面设计: 刘素霞

北京东方科龙图文有限公司 制作

http://www.okbook.com.cn

科 学 出 版 社 出版

北京东黄城根北街16号
邮政编码：100717
http://www.sciencep.com

铭浩彩色印装有限公司 印刷

科学出版社发行 各地新华书店经销

*

2015年7月第 一 版 开本：720×1000 1/16
2015年7月第一次印刷 印张：13
印数：1—3 000 字数：256 000

定价：45.00元

（如有印装质量问题，我社负责调换）

前　言

　　数控机床是现代制造业的基础，当前数控机床的利用率已经成为衡量一个国家制造业水平的重要标准之一。随着现代制造业的飞速发展，数控机床也朝着高性能、高精度、高速度、高柔性化和模块化方向快速发展。然而，由于我国高水平的数控技能人才严重匮乏，使得许多企业中的高档数控机床的有效利用率很低，严重制约着经济的快速发展，因此加大力度培养高水平的数控技能人才是我国制造业的当务之急。

　　为提高数控技能的培养质量，充分体现职业教育创新的发展趋势，我们特别组织了企业里的数控技术专家、高级工程师和多年在一线教学工作以及具有丰富经验的数控技能竞赛指导教师，共同编写了《图解数控铣削编程与操作》一书。

　　本书根据职业教育的特点，以职业能力培养为核心，理论与实践教学并举，创新校企合作的新型教育模式编写而成。本书结合数控加工中心培训大纲，以图文并茂的方式介绍数控铣削加工工艺编制、程序编制等专业知识和操作方法；充分体现学以致用的教学理念，使学生学会制订复杂零件的数控铣削加工工艺、编制数控铣削程序及操作数控铣床完成加工任务。本书定位为入门级数控专业技术书，但对于知识的把握，课题的组织形式等均参照企业对于技术工人的人才需求、质量和培养的意见进行设计和编写。

　　本书由魏长江和许迪迪共同创作。在本书编写过程中，得到了北京市汽车工业高级技工学校数控技术系多位领导和老师的帮助，同时北京奔驰公司培训中心技术培训科高级经理邓红梅女士，全国劳动模范、北京奔驰公司"赵郁工作室"赵郁老师，北京奔驰公司王平安、李雨辰经理提出了许多宝贵意见，在此一并感谢。

　　本书可供广大数控机床从业人员，尤其是青年员工阅读，也可供有关专业工人、技术人员及大中专、技工学校师生参考。

　　由于本书涉及面广，编者水平有限，书中难免有不妥与疏漏之处，敬请广大读者批评指正。

编　者

目 录

第 **1** 章

数控机床与
数控铣床

1.1 什么是数控机床

数控机床是数字控制机床（Computer numerical control machine tools）的简称。它是指利用数字、字母及符号等代码形式的信息（程序指令），控制刀具按给定的工作程序、运动速度和轨迹进行自动加工的机床。

数控机床与普通机床相比，在外观上很容易分辨，例如普通铣床和数控铣床，如图1.1所示。

数控系统操作面板

普通铣床上没有数控系统装置　　　数控铣床上有数控系统装置
(a) 一台普通铣床　　　　　　(b) 一台数控铣床

图1.1　普通铣床与数控铣床在外观上的对比

1.2 数控机床的分类

数控机床有很多分类方法，如果按照用途来分类，可以把数控机床分为金属切削类、金属成形类、特种加工类，以及其他类型数控机床，如图1.2所示。

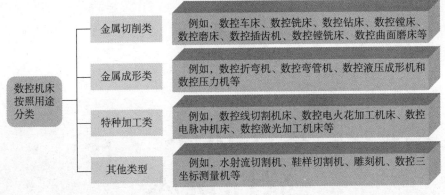

图1.2 数控机床按照用途分类

图1.3所示为一些数控机床的外观。

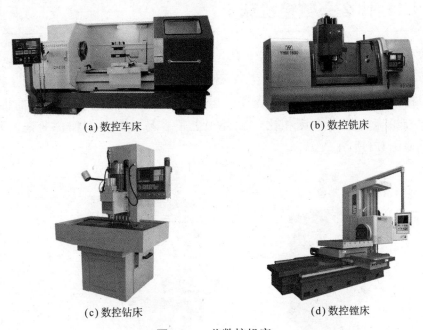

(a) 数控车床	(b) 数控铣床
(c) 数控钻床	(d) 数控镗床

图1.3 一些数控机床

1.3 数控铣床的组成和分类

1. 数控铣床的组成

数控机床主要由数控系统和机床本体组成。一般数控铣床又分为普通数控铣床和带刀库的数控铣床，后者也叫做加工中心。加工中心除可以实现数控铣床的全部功能之外，还可以实现自动换刀功能，自动化程度很高，数控系统更加完善。下面就以FV800立式加工中心为例，来说明数控铣床的基本组成。它主要由工作台、数控装置、机床主轴、机床夹具、防护门、床身、刀库及自动换刀装置等组成，如图1.4所示。

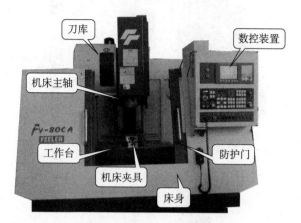

图1.4 数控铣床的组成

数控加工中心各部分名称及功能如表1.1所示。

表1.1 数控加工中心各部分名称及功能

序 号	名 称	功 能
1	工作台	导向及支撑导轨上的部件。它的精度、刚度及结构形式对机床的加工精度和承载能力有直接的影响
2	数控装置	接收输入的信号及指令，经过编译、插补运算和逻辑处理后，输入信号和指令到伺服系统，进而控制机床的各个部分进行动作。数控装置是数控机床的"大脑"
3	机床主轴	安装刀具
4	机床夹具	装夹工件
5	防护门	安全防护作用
6	床 身	支撑数控铣床各部件
7	刀 库	刀具储存、调用功能

2.数控铣床的分类

数控铣床的种类很多，大致可按其主轴的布置形式和按数控系统的功能来进行分类。

数控铣床按主轴的布置形式分类，如表1.2所示。

数控铣床也可按数控系统的功能分类，如表1.3所示。

表1.2 数控铣床按主轴布置形式分类

分 类	图 片	说 明
立式数控铣床	主轴轴线	立式数控铣床的主轴轴线垂直于水平面，它是数控铣床中数量最多的一种，应用范围也最广泛
卧式数控铣床		卧式数控铣床的主轴轴线平行于水平面
立卧两用数控铣床		也称为万能式数控铣床，主轴可以旋转90°或工作台带着工件旋转90°

表1.3 数控铣床按照数控系统的功能分类

分 类	图 片	说 明
经济型数控铣床		经济型数控铣床一般是在普通立式铣床或卧式铣床的基础上改造而来的，采用经济型数控系统，成本低，机床功能较少，主轴转速和进给速度不高，主要用于精度要求不高的简单平面或曲面零件加工

续表1.3

分 类	图 片	说 明
全功能型数控铣床		全功能数控铣床一般采用半封闭或闭环控制，控制系统功能较强，数控系统功能丰富，一般可实现四坐标或以上的联动，加工适应性强，应用最为广泛
高速铣削数控铣床		一般把主轴转速在8000～40000 r/min的数控铣床称为高速铣削数控铣床，其进给速度可达10～30m/min。这种数控铣床采用全新的机床结构（主体结构及材料变化）、功能部件（电主轴、直线电机驱动进给）和功能强大的数控系统，并配以加工性能优越的刀具系统，可对大面积的曲面进行高效率、高质量的加工

1.4 数控铣床的加工范围

数控铣床的加工范围主要包括平面铣削和轮廓铣削。适用于采用数控铣削的零件主要有平面类零件、变斜角类零件和曲面类零件。

1）平面类零件

平面类零件是指加工平行或者垂直于水平面，以及加工面与水平面对夹角为一定值的零件，这类加工面可展开为平面，如图1.5所示。

图1.5 平面类零件

2）变斜角类零件

变斜角类零件是指加工面与水平面对夹角呈连续变化的零件，如图1.6所示。

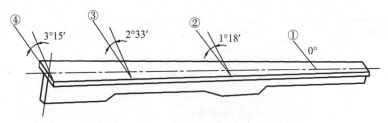

图1.6　变斜角类零件

3）曲面类零件

加工面为空间曲面的零件称为曲面类零件，如图1.7所示的模具、叶轮、叶片等。曲面类零件不能展开为平面。

模具　　　　　　　　　　　叶轮　　　　　　　　　　　叶片

图1.7　曲面类零件

1.5　数控铣床安全操作规程

操作人员进入工作现场以后，必须按照安全操作规程的规定操作机床设备，以避免发生人身伤害事故。具体规定内容如图1.8所示。

进入工作车间，操作人员的工作服要穿戴整齐，女生要戴好工作帽子

(a)

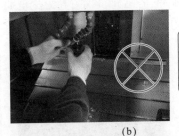
当操作机床时严禁戴手套。操作时必须戴防护眼镜

(b)

开机前检查机械电气，各操作手柄、防护装置等是否安全可靠，设备PE接地是否牢靠

(c)

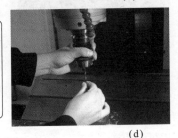
认真检查机床上的刀具、夹具、工件装夹是否牢固正确，安全可靠，保证机床在加工过程中受到冲击时不致松动而发生事故

(d)

图1.8　数控铣床安全操作规程

禁止将工具、刀具、物件放置于工作台、操作面板、主轴头、护板上，机械安全防护罩、隔离挡板必须完好

机床过载区域

遵守加工产品工艺要求，严禁超负荷使用机床

(e)

(f)

禁止敲打系统显示屏

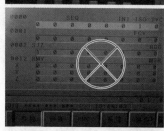

禁止随意改动系统参数

(g)

刀具快接近工件时改为手动对刀

加工中在铣刀头将要接近工件时，必须改为手动对刀，铣削正常后再改为自动走刀

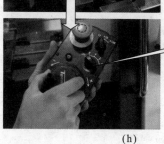

手动对刀

(h)

续图1.8

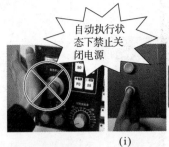

自动执行状态下禁止关闭电源

系统在启动过程中，严禁断电或按动任意键

(i)

严禁用手试摸刀刃是否锋利或检查加工表面是否光洁

(j)

不能用力过猛

使用扳手时，开口要适当，用力不可过猛，防止滑倒或碰伤

(k)

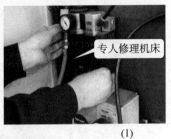

专人修理机床

发现设备异常必须由专业人员进行检查维修。严禁设备带"病"运行

(l)

清洁机床

加工结束后，清理好工作场地，关闭电源，清洁设备，按规定恢复机床各部位置，填写好交班记录

(m)

续图1.8

第 2 章

数控铣削工艺及刀具功能

作为一名数控加工技术人员，不但要了解数控机床、数控系统的功能，而且还要掌握零件加工工艺的有关知识，否则，编制出来的程序就不一定能正确、合理地加工出我们需要的零件来。数控铣削加工的工艺性分析是编程前的重要工艺准备工作之一，关系到机械加工的效果和成败，不容忽视。由于数控机床是按照程序来工作的，因此对零件加工中所有的要求都要体现在加工中，如加工顺序、加工路线、切削用量、加工余量、刀具的尺寸及是否需要切削液等都要预先确定好并编入程序中，如图2.1所示。

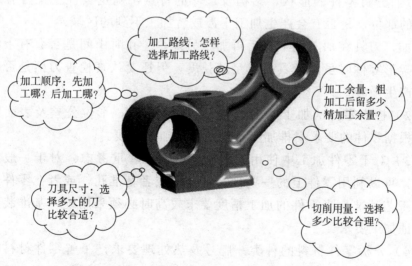

图2.1 数控铣削加工的工艺性分析

哇，在加工零件之前要考虑的事情还真多啊！别着急，无论多么多的准备工作我们都要一项一项地完成。一般情况下，我们按照图2.2所示的顺序进行。

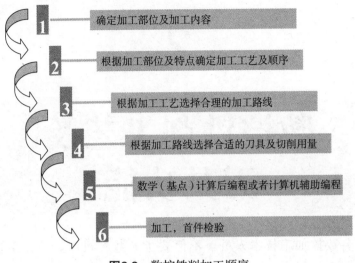

图2.2　数控铣削加工顺序

2.1　零件的工艺性分析

2.1.1　分析零件图

（1）分析零件的形状、结构及尺寸的特点，确定零件上是否有妨碍刀具运动的部位，是否有会产生加工干涉或者加工不到的区域。

例如，刀具在加工一个孔后再加工另外一个孔时中间是否会有干涉？在加工框架形零件时虽然刀具具有足够长度，但还要认真检查刀柄是否会和零件侧壁产生干涉？

（2）检查零件的加工要求，如尺寸加工精度、形位公差及表面粗糙度等，应根据零件的要求安排加工工艺及确定加工路线。

（3）对于零件加工中使用的工艺基准应当着重考虑。对于一般加工精度要求，可以利用零件上的一些现有基准面或者基准孔，或者在零件上专门加工出工艺基准。当零件的加工精度要求较高时必须采用统一基准装夹的定位以保证加工要求。

（4）分析零件材料的种类，牌号及热处理要求，了解零件材料的切削加工性能，才能合理选择刀具材料和切削参数。例如，切削45钢、铝和一些难加工材料（不锈钢、钛合金、镁铝合金等）时，要选择不同的加工刀具。在条件允许的情况下，尽可能选择专用的刀具。

（5）构成零件的轮廓的几何元素（点、线、面）的条件（如相切、相交、垂直和平行等），是数控编程的重要依据。

（6）当零件上的部分结构已经加工完成时，应充分了解零件的已加工状态，再进行下一步的加工。要先了解数控铣削加工的内容与已完成的零件结构之间的关系，尤其是位置尺寸关系，要考虑在铣削加工时如何协调它们之间的关系，要采用什么方式或基准来保证加工要求。现在专业化和社会化协作生产已经很平常了，几家不同的企业协作加工完成一个零件，所以，当操作人员遇到这类零件加工作业时，一定要仔细分析加工内容，及时沟通，以免造成不必要的工艺事故。

2.1.2 铣削加工顺序的安排

（1）基面先行。零件上用作定位装夹的基准的表面应优先加工出来，这样定位越精确，装夹误差就越小。例如，箱体零件总是先加工定位用的平面和两个定位孔，再以平面和定位孔为基准面装夹定位后，加工其他平面和孔系。

（2）先粗后精。一般按粗加工、半精加工、精加工、光整加工的顺序依次进行。

（3）先主后次。先加工零件上的主要表面、装配基面，这样能及早发现毛坯中可能出现的缺陷。其他表面可穿插进行加工，可以等主要加工表面加工到一定程度时，再设置在精加工之前进行加工。

（4）先面后孔。在铣削对象中的如箱体、平面轮廓尺寸较大、支架类零件，一般先加工平面，再加工孔和其他尺寸。一方面用加工过的平面定位，稳定可靠，另外在加工过的平面上加工孔，使钻孔时孔的轴线不易偏斜，提高孔的加工精度。

铣削加工顺序的安排如图2.3所示。

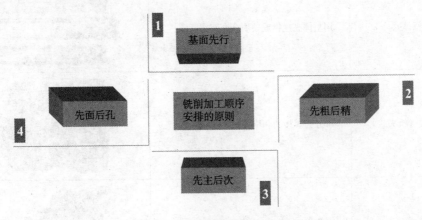

图2.3 铣削加工顺序的安排

2.1.3 根据零件选择合适机床

常见的数控铣床加工的零件范围如表2.1所示。

表2.1 常见的数控铣床加工零件范围

机床类型	适用于加工类型
立式数控铣床	适于加工箱体、箱盖、平面凸轮、样板、形状复杂的平面或立体零件，以及模具的内、外型腔等
卧式数控铣床	适于加工复杂的箱体类零件、泵体、阀体、壳体等
多坐标联动数控加工中心	用于加工各种复杂的曲线、曲面、叶轮、模具等

2.2 铣刀的选择

数控加工刀具必须适应数控机床高速、高效和自动化程度高的特点，一般应包括通用刀具、通用刀柄及少量专用刀柄。刀柄要连接刀具并安装在机床主轴上，因此已逐渐标准化和系列化。数控刀具的分类有多种方法。

2.2.1 常用铣削刀具分类

1. 按照刀具结构分类

常用铣刀按照刀具结构可分为整体式、镶嵌式（机夹式）和特殊形式（复合式、减振式）铣刀等形式，如表2.2所示。

表2.2 常用铣刀按照刀具结构分类

名　称	说　明	图　片
整体式	用整体高速钢或硬质合金制作	
镶嵌式（机夹式）	可分为焊接式和机夹式	
特殊形式	可分为复合刀具、可逆攻螺纹刀具等	

2．常用铣削刀具按切削方式分类

常用铣削刀具可以按照切削方式分成4类，如图2.4所示。

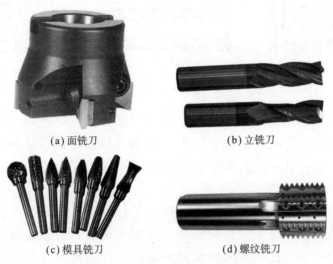

(a) 面铣刀　　　　　　　　　　(b) 立铣刀

(c) 模具铣刀　　　　　　　(d) 螺纹铣刀

图2.4 常用铣刀按照切削方式分类

1）面铣刀

圆周表面和端面上都有切削刃，端部切削刃为副切削刃。面铣刀多制成式镶齿结构和刀片机夹可转位结构，刀齿材料为高速钢或硬质合金。

2）立铣刀

数控机床上用得最多的一种铣刀。立铣刀的圆柱表面和端面上都有切削刃，它们可同时进行切削，也可单独进行切削。结构有整体式和机夹式等，高速钢和硬质合金是铣刀工作部分的常用材料。

3）模具铣刀

由立铣刀发展而成，可分为圆锥形立铣刀、球头立铣刀和圆锥形球头立铣刀三种，其柄部有直柄、削平型直柄和莫氏锥柄。它的结构特点是球头或端面上布满切削刃，圆周刃与球头刃圆弧连接，可以作径向和轴向进给。铣刀工作部分用高速钢或硬质合金制造。

4）成型铣刀

成型铣刀属于特殊型铣刀，它主要是用于某一种零件的某一个特征而专门设计制作的。图2.4（d）中螺纹铣刀也属于成型铣刀的一种。

3．常用钻削刀具

常用钻削刀具是指钻头、铰刀、丝锥等工具，如图2.5所示。

1）钻　头

钻头主要用于钻削加工。目前较常见的为高速钢和硬质合金两种。是用

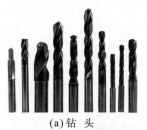
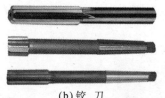

(a)钻　头　　　　　　　　　(b)铰　刀　　　　　　　　　(c)丝　锥

图2.5　常用铣削刀具

以在实体材料上钻削出通孔或盲孔，并能对已有的孔扩孔的刀具。常用的钻头主要有中心钻、麻花钻、扁钻、深孔钻和套料钻。扩孔钻和锪钻虽不能在实体材料上钻孔，但习惯上也将它们归入钻头一类。

2）铰　刀

铰刀主要用于精度较高孔加工，铰孔是目前常见的一种加工方式，但其也有一定的局限性。对于大直径孔则一般需要镗削。铰刀具有一个或多个刀齿、用以切除已加工孔表面薄层金属的旋转刀具，具有直刃或螺旋刃的旋转精加工刀具，用于扩孔或修孔。

3）丝　锥

丝锥是一种加工内螺纹的刀具，按照形状可以分为螺旋丝锥和直刃丝锥，按照使用环境可以分为手用丝锥和机用丝锥，按照规格可以分为公制、美制和英制丝锥，按照产地可以分为进口丝锥和国产丝锥。丝锥是目前制造业操作者加工螺纹的最主要工具。

4．常用镗削刀具

粗镗刀一般用于里孔加工、扩孔、仿形等。但是并不是只能加工里孔，端面外圆也是可以加工的，只是习惯上不这样使用。一般用于半精加工，如图2.6（a）所示。

精镗刀的刀具侧面带有刻度可以调整控制尺寸，主要用于精密孔加工，如图2.6（b）所示。

(a)粗镗刀　　　　　　　　　　　　(b)精镗刀

图2.6

2.2.2 刀柄分类及表示方法

1. 数控铣削刀具的刀柄分类

刀柄是针对数控机床要求与之配套的刀具必须可快换和高效切削而发展起来的，是刀具与机床的接口。常见的刀柄有两种分类方法：一种是模块式刀柄，另一种是整体式刀柄。

模块式刀柄通过将基本刀柄、接杆和加长杆（如需要）进行组合，可以用很少的组件组装成非常多种类的刀柄，如图2.7（a）所示。

整体式刀柄用于刀具装配中装夹不改变，或不宜使用模块式刀柄的场合，如图2.7（b）所示。

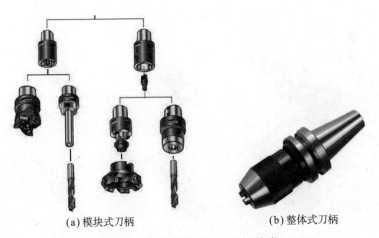

(a) 模块式刀柄   (b) 整体式刀柄

图2.7 数控铣削刀具的刀柄分类

2. 刀柄型号的表示方法

刀柄型号的表示方法如图2.8所示。

3. 常用刀柄简介

在数控铣削加工中，常见的刀柄如图2.9所示。

4. 拉 钉

拉钉是带螺纹的零件，常固定在各种工具柄的尾端。机床主轴内的拉紧机构借助它把刀柄拉紧在主轴中。数控机床刀柄有不同的标准，机床刀柄拉紧机构也不统一，故拉钉有多种型号和规格，如图2.10所示。

2.2.3 刀具切削用量的计算

数控铣削加工在编程时常会面临刀具切削参数的计算的问题，刀具切削

JT：表示采用国际标准ISO7388的加工中心机床用锥柄柄部；
BT：表示采用日本标准（MAS403）的加工中心机床用锥柄柄部；
JT或BT后面的数字为相应的ISO锥度号：如50和40分别代表大端直径69.85mm和44.45mm的7:24锥度

XD：装三面铣刀刀柄；
MW：装无扁尾氏锥柄刀柄；
XS：装三面刃铣刀刀柄；
M：有扁尾氏锥柄刀柄；
Z(J)：装钻夹头刀柄(贾式锥度加J)；
XP：装削平柄铣刀刀柄。用途后的数字表示工具的工作特性，其含义随工具不同而异

锥柄的大端直径到夹头前端的距离

JT(BT)40　—　XS16　—　75

柄部型式及尺寸　　刀柄用途及主参数　　工作长度

图2.8　刀柄型号

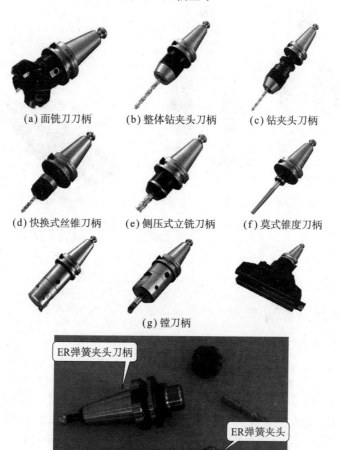

(a) 面铣刀刀柄　　(b) 整体钻夹头刀柄　　(c) 钻夹头刀柄

(d) 快换式丝锥刀柄　　(e) 侧压式立铣刀柄　　(f) 莫式锥度刀柄

(g) 镗刀柄

ER弹簧夹头刀柄

ER弹簧夹头

(h) ER弹簧夹头刀柄及ER弹簧夹头

图2.9　数控铣削加工常见的刀柄

(a) ISO 7388及DIN　　　(b) ISO 7388及DIN　　　(c) MAS BT的拉钉
69871的A型拉钉　　　　69871的B型拉钉

图2.10　拉钉型号和规格

参数在计算时主要是考虑到切削三要素，即切削速度（v_c）、进给量（f）、背吃刀量（a_p），它是调整刀具与工件间相对运动速度和相对位置所需的工艺参数。切削三要素可以通过切削手册来查询，一般情况下，在刀具盒上或者刀片上也会有所记录。使用不同材料的刀具加工不同材料的工件的切削参数是不一样的，本章中数控切削用量的计算可以参考表2.3、表2.4选取。

表2.3　铣削速度v_c的推荐数值　　　　　　　　　　　（单位：m/min）

工件材料		铸　铁		钢及其合金		铝及其合金	
刀工材料		高速钢	硬质合金	高速钢	硬质合金	高速钢	硬质合金
铣	粗铣	10~20	40~60	15~45	50~80	150~200	350~500
	精铣	20~30	16~120	20~40	80~150	200~300	500~800
镗	粗镗	20~25	35~50	15~30	50~70	80~150	100~200
	精镗	30~40	60~80	40~60	90~120	150~300	200~400
钻孔		15~25	—	10~20	—	50~70	—
扩孔	通孔	10~15	30~40	10~20	35~60	30~40	—
	沉孔	8~12	25~30	8~11	30~50	20~30	—
铰孔		6~10	30~50	6~20	20~50	50~75	—
攻螺纹		2.5~5	—	1.5~5	—	5~15	—

表2.4　铣削加工每齿进给量a_p经验值　　　　　　　　（单位：mm/z）

铣削方法		粗　铣		精　铣	
刀具材料		高速钢铣刀	硬质合金铣刀	高速钢铣刀	硬质合金铣刀
工作材料	钢	0.1~0.15	0.1~0.25	0.02~0.05	0.10~0.15
	铸铁	0.12~0.20	0.15~0.30		

1. 切削速度v_c

切削刃上选定点相对于工件的主运动的瞬时速度。计算公式如下：

$$v_c = \frac{\pi dn}{1000} \tag{2.1}$$

式中：v_c——切削速度（m/min）；

d —— 铣刀直径（mm）；

n —— 主轴转速（r/min）。

一般情况下 v_c 是一个经验值或是通过查数据表可以选择。我们的主要目的是通过数据计算得到 $n=1000v_c/\pi d$ 的参考数值。

2. 进给速度 v_f

进给速度 v_f（mm/min）是单位时间内工件与铣刀沿进给方向的相对位移量。进给量与进给速度是数控铣床加工切削用量中的重要参数，根据零件的表面粗糙度、加工精度要求、刀具及工件材料等因素，每齿进给量的确定可以参考有关切削用量手册选取，也可参考表2.4选取。工件材料强度和硬度越高，f_z 越小，f_z 为每齿进给量，单位为（mm/z）；反之 f_z 则越大。硬质合金铣刀的每齿进给量高于同类高速钢铣刀。工件表面粗糙度要求越高，f_z 就越小。工件刚性差或刀具强度低时，应取较小值。进给速度的计算公式如下：

$$v_f=z\cdot f_z\cdot n \tag{2.2}$$

式中：v_f —— 进给速度（mm/min）；

n —— 主轴转速（r/min）；

z —— 刀具齿数；

f_z —— 每齿进给量（mm/z）。

3. 背吃刀量 a_p

通过切削刃基点并垂直于工作平面的方向上测量的吃刀量。根据此定义，其背吃刀量可按下式计算（图2.11）：

当侧吃刀量 $a_e<d/2$（d 为铣刀直径）时，取 $a_p=（1/3\sim1/2）d$。

当侧吃刀量 $d/2\leqslant a_e<d$ 时，取 $a_p=（1/4\sim1/3）d$。

当侧吃刀量 $a_e=d$（即满刀切削）时，取 $a_p=（1/5\sim1/4）d$。

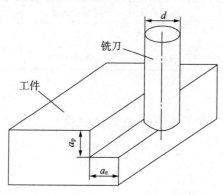

图2.11 铣刀的侧吃刀量 a_e 和背吃刀量 a_p

当机床的刚性较好，且刀具的直径较大时，a_p可取得更大。

例题：已知面铣刀直径为$\phi 80mm$，有6个刀片刃口，刀具材料为硬质合金，选择刀片的切削速度为150m/min，如果每齿进刀量为$f_z=0.15mm/z$，工件材料是45钢，请问主轴的转速n是多少？请问机床的工作台进给速度v_f是多少？

计算步骤如图2.12所示。

第一步，计算主轴转速。

$$n=\frac{1000v_c}{\pi d}=\frac{1000\times 150}{3.14\times 80}=597.13(r/min)$$

取整n=597r/min。

第二步，计算进给速度。

$$v_f=z\cdot f_z\cdot n=6\times 0.15\times 597=537.3(mm/min)$$

取整v_f=537mm/min

图2.12 加工计算示例

2.2.4 加工路线的确定

在数控加工中，刀具（严格说是刀位点）相对于工件的运动轨迹和方向称为加工路线。即刀具从对刀点开始运动起，直至结束加工所经过的路径，包括切削加工的路径及刀具引入、返回等非切削空行程。加工路线的确定首先必须保证被加工零件的尺寸精度和表面质量，其次考虑数值计算简单，走刀尽量短，效率较高等。

本书中只介绍几种常见的典型案例，下面举例分析数控机床加工零件时常用的加工路线。

1. 平面轮廓铣削加工路线的分析

对于连续铣削轮廓，特别是加工圆弧时，要注意安排好刀具的切入、切出，要尽量避免交接处重复加工，否则会出现明显的界线痕迹。如图2.13所示，用切线方式铣削外轮廓时，要安排刀具从切向进入圆周铣削加工，当整圆加工完毕后，不要在切点处直接退刀，而让刀具多运动一段距离，最好沿切线方向退出，以免产生接刀痕迹或取消刀具补偿时，刀具与工件表面相碰撞，造成工件报废。

2. 曲面的加工路线的分析

对于边界敞开的直纹曲面，加工时常采用球头刀进行"行切法"加工，即刀具与零件轮廓的切点轨迹是一行一行的，行间距按零件加工精度要求而确定，如图2.14所示的发动机大叶片，可采用两种加工路线。采用

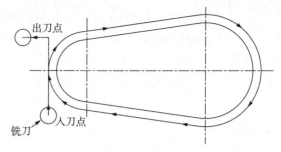

图2.13　入刀点和出刀点

图2.14（a）的加工方案时，每次刀具沿直线加工，刀位点计算简单，程序段的数量少，形成直纹面，可以准确保证母线的直线度。当采用图2.14（b）所示的加工方案时，叶形的准确度高，便于加工后检验，但程序段的数量较多。

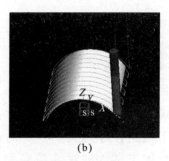

(a)　　　　　　　　　　　　　(b)

图2.14　发动机叶片的加工路线

3．孔系加工的路线的分析

对于位置精度要求较高的孔系加工，特别要注意孔的加工顺序的安排，安排不当时，就有可能将沿坐标轴的反向间隙带入，直接影响位置精度。如图2.15所示，在该零件上加工6个尺寸相同的孔，有两种加工路线。当按图2.15（b）路线加工时，由于5～6孔与1～4孔定位方向相反，Y方向反向间隙会使定位误差增加，影响5～6孔与其他孔的位置精度。按图2.15（c）所示路线加工完4孔后，往上移动一段距离到A点，然后再折回来加工5～6孔，这样方向一致，可避免引入反向间隙，从而提高5～6孔与其他孔的位置精度。

2.2.5　周边铣削和端面铣削

周边铣削是指用铣刀周边刃进行的铣削，简称周铣，如图2.16（a）所示；端面铣削是指用铣刀端面齿刃进行的铣削，简称端铣，如图2.16（b）所示。

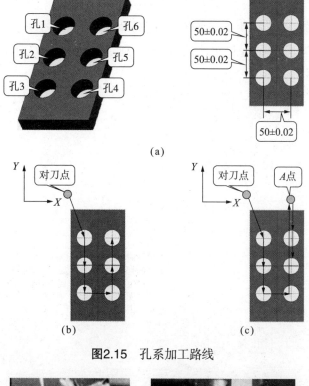

图2.15　孔系加工路线

图2.16　周铣和端铣

单一的周铣和端铣主要用于加工平面类零件，在数控铣削实际生产中，常用周铣和端铣组合加工曲面和型腔。与周铣相比较，端铣更容易使加工表面获得较小的表面粗糙度值和较高的劳动生产率。另外，在端铣时，主轴刚性好，可以采用硬质合金可转位刀片的面铣刀，因此切削用量大，生产效率高。

2.2.6　顺铣和逆铣

在加工中，铣刀的旋转方向一般是不变的，但工件的进给方向是变化的，于是就出现了铣削加工中常见的两种现象：顺铣和逆铣。

1. 顺 铣

顺铣是指铣刀与工件接触部位的旋转方向与工件进给方向相同的铣削方式，铣削时每齿切削厚度从最大逐渐减小到零，如图2.17所示。

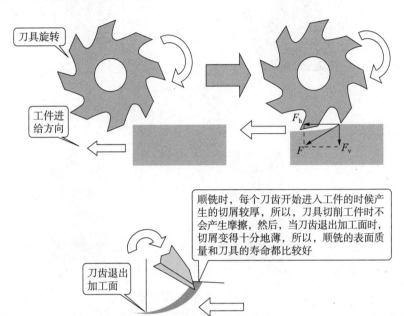

图2.17 顺 铣

因为在顺铣时，铣刀刀刃的切削厚度由最大到零，不存在滑行现象，刀具磨损较小，工件冷硬程度较轻。垂直分力F_v向下，对工件有一个压紧作用，有利于工件的装夹。但是水平分力F_h方向与工件进给方向相同，不利于消除工件台丝杆和螺母间的间隙，切削时振动大。但其表面粗糙度值低，适合精加工。

2. 逆 铣

逆铣是指铣刀与工件接触部位的旋转方向与工件进给方向相反的铣削方式，如图2.18所示。

逆铣时，铣刀刀刃不能立刻切入工件，而是在工件已加工表面滑行一段距离。刀具磨损加剧，工件表面产生冷硬现象，垂直分力F_v对工件有一个上抬作用，不利于工件的装夹。但是水平分力F_h方向与工件进给方向相反，有利于消除工件台丝杆和螺母间的间隙，切削平稳，振动小。逆铣的表面粗糙度较差，适合粗加工。

一般情况下，在数控机床中我们采用顺铣情况较多，因为数控机床采用滚珠丝杠双头螺母来消除间隙，故常采用顺铣来提高精度及表面质量。

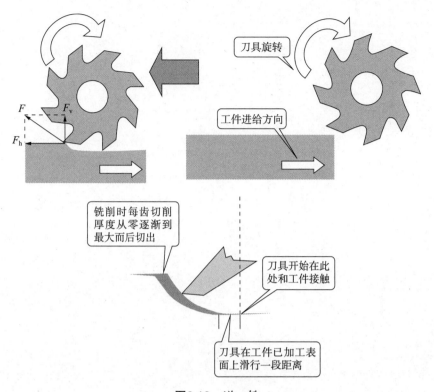

图2.18 逆 铣

第 **3** 章

数控铣削编程基础

3.1 数控编程的编制过程

在数控机床上加工零件，首先要进行程序编制，将零件的加工顺序、工件与刀具相对运动轨迹的尺寸数据、工艺参数（主运动和进给运动速度、切削深度等）以及辅助操作等加工信息，用规定的文字、数字、符号组成的代码，按一定的格式编写成加工程序单，并将程序单的信息通过控制介质输入到数控装置，由数控装置控制机床进行自动加工。从零件图纸到编制零件加工程序和制作控制介质的全部过程称为数控程序编制，如图3.1所示。

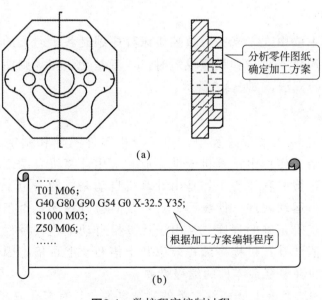

图3.1　数控程序编制过程

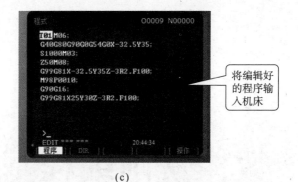

将编辑好的程序输入机床

(c)

装夹工件，校正后加工零件

加工零件后，再检测零件

(d)

续图3.1

3.2　数控编程方法

1. 手工编程

手工编程主要由人工来完成数控机床程序编制各个阶段的工作。一般是在被加工零件形状不复杂和程序较短时，或者是在一些规则曲面加工时可以采用手工编程的方法，如图3.2所示。

2. 自动编程

自动编程是指在编程过程中，除了分析零件图样和制定工艺方案由人工进行外，其余工作均由计算机辅助完成。采用计算机自动编程时，数学处理、编写程序、检验程序等工作是由计算机自动完成的，由于计算机可自动绘制出刀具中心运动轨迹，使编程人员可及时检查程序是否正确，需要时可及时修改，以获得正确的程序。又由于计算机自动编程代替程序编制人员完成了繁琐的数值计算，可提高编程效率几十倍乃至上百倍，因此解决了手工编程无法解决的许多复杂零件的编程难题。

主要用于解决具有非圆曲线之类的复杂零件、具有多孔或多段圆弧的大程序量零件、不具备刀具半径补偿功能的轮廓铣削零件等情况，如图3.3所示。

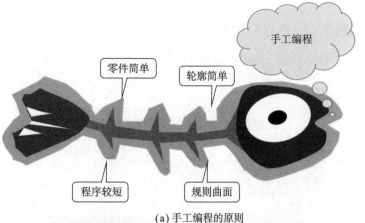

手工编程

零件简单 轮廓简单

程序较短 规则曲面

(a) 手工编程的原则

铣削零件
的平面,
并钻孔

铣削零件
的平面

(b) 手工编程零件示例

图3.2 手工编程

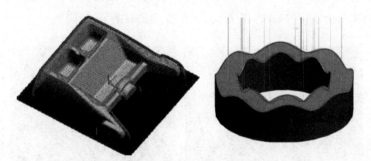

图3.3 CAM自动编程

3.3 数控机床坐标系

规定数控机床坐标轴和运动方向,是为了准确地描述机床运动,简化程序的编制,并使所编程序具有互换性。国际标准化组织目前已经统一了标准坐标系,我国也颁布了相应的标准《工业自动化系统与集成 机床数值控制坐标系和运动命名》(GB/T 19660—2005),对数控机床的坐标和运动方向作了明文规定。

3.3.1　数控铣床坐标系建立的原则

刀具相对于静止的工件而运动的原则，如图3.4所示。这一原则使编程人员在编写程序时，不必考虑工件移向刀具，还是刀具移向工件。

图3.4　刀具相对于静止的工件而运动的原则

3.3.2　标准坐标系

标准坐标系是一个右手笛卡儿直角坐标系。在图3.5中，大拇指的方向为X轴的正方向，食指为Y轴的正方向，中指为Z轴的正方向。

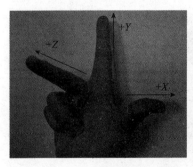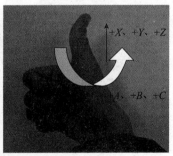

图3.5　右手笛卡儿直角坐标系

旋转坐标轴A、B、C：当选定机床的X、Y、Z坐标轴后，根据右手螺旋定则来确定A、B、C三个转动轴的正方向。以大拇指指向+X，+Y，+Z方向，则食指、中指等指向是圆周进给运动的+A，+B，+C方向。

+Z、+X、+Y表示各轴的正向移动方向，工件的正方向的移动方向与轴的正方向移动方向相反，为了与轴的正方向表示方法相区别，用"′"表示，也就是说工件的+X′方向等于−X轴方向。

在基本的坐标轴 X，Y，Z 之外的附加线性坐标轴可指定为 U 轴，V 轴，W 轴，它们称为附加坐标轴。这些附加坐标轴的运动方向，可按确定 X、Y、Z 坐标轴运动方向的方法来确定。

一些常见的数控铣床的坐标轴方向如图3.6所示。

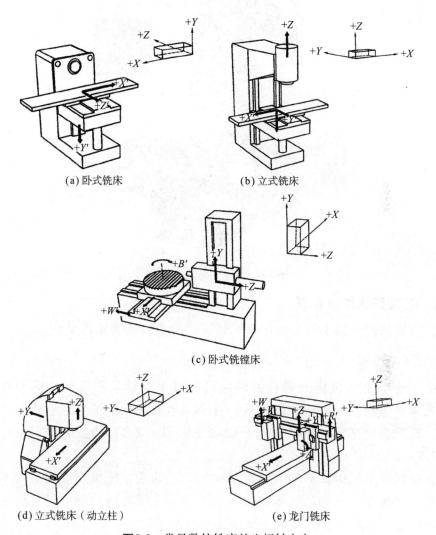

图3.6 常见数控铣床的坐标轴方向

3.3.3 机床坐标轴的确定方法

确定机床坐标轴时，一般是先确定 Z 轴，再确定 X 轴和 Y 轴，如图3.7所示。

（1） Z 轴：一般是选取产生切削力的轴线作为 Z 轴，同时规定刀具远离工件的方向作为 Z 轴的正方向。

（2） X 轴：X 轴一般是水平的，它与工件的装夹面相平行。

（3）Y轴：Y轴方向可根据已选定的Z、X轴，按右手直角笛卡儿坐标系来确定。

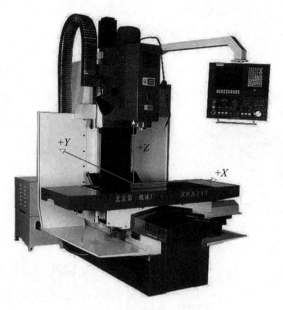

图3.7　机床坐标轴的确定

3.3.4　数控铣床的坐标系

数控铣床的坐标系分为机床坐标系、工件坐标系和编程坐标系。

1. 机床坐标系

机床坐标系是机床上固有的坐标系，机床坐标系的原点也称为机械原点。机床经过设计、制造和调整后，这个原点便被确定下来，它是一个固定的点。在数控铣床上，机械原点一般取在X、Y、Z坐标的正方向极限位置上（图3.8）。

数控机床开机时，必须先确定机械原点，而确定机械原点的运动就是返回参考点的操作，这样通过确认参考点，就确定了机械原点。只有机床参考点被确认后，刀具（或工作台）移动才有基准。

参考点是用于对机床工作台（或滑板）与刀具相对运动的测量系统的基准点，一般都是设定在各轴正向行程极限点的位置上。该位置是在每个轴上用挡块和限位开关精确地预先调整好的，它相对于机械原点的坐标是一个已知数，一个固定值。

机床参考点可以与机械原点重合，也可以不重合，通过参数指定机床参考点到机械原点的距离。机床回到了参考点位置，也就知道了该坐标轴的零点位置，找到所有坐标轴的参考点，数控铣床就建立起了机床坐标系。

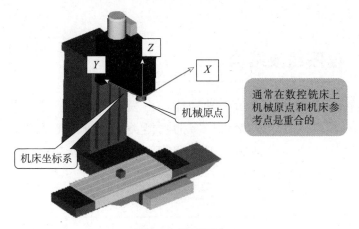

图3.8 机械原点

2. 工件坐标系

工件坐标系是编程人员在编程时使用的，编程人员选择工件上的某一已知点为原点，称为编程原点或工件原点。工件坐标系一旦建立便一直有效，直到被新的工件坐标系所取代。其选择要尽量满足编程简单、尺寸换算少、引起的加工误差小等条件，一般情况下，以坐标式尺寸标注的零件，编程原点应选在尺寸标注的基准点；Z轴的编程原点通常选在工件的上表面。

3. 编程坐标系

编程坐标系一般供编程使用，确定编程坐标系时不必考虑工件毛坯在机床上的实际装夹位置。对于简单零件，工件原点一般就是编程原点，这时的编程坐标系就是工件坐标系。而对于形状复杂的零件，需要编制几个程序或子程序。为了编程方便和减少坐标值的计算，编程原点就不一定设在工件原点上，而设在便于程序编制的位置。

一般情况下，工件坐标系和编程坐标系重合，如图3.9所示。

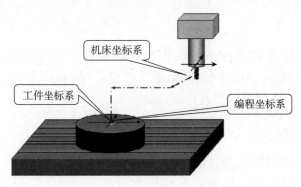

图3.9 工件坐标系与编程坐标系

3.4 程序组成结构

数控机床每个程序字表示一种功能，由程序字组成一个个程序段，完成数控机床某一预定动作。根据程序字的功能类别可分为七大类，分别为：顺序号字、尺寸字、进给功能字、刀具功能字、主轴转速功能字、辅助功能字和准备功能字，如图3.10所示。

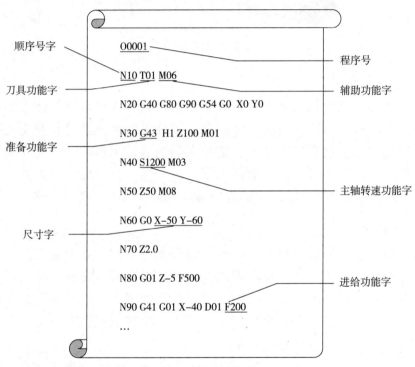

图3.10 程序字的功能

3.4.1 程序号（O）

程序是以程序号存储在数控机床的控制系统中，机床根据程序号来识别程序，如图3.11所示。程序号由两部分组成：字母O+数字，数字的范围是1～9999，即程序号的范围是O1～O9999。

3.4.2 顺序号（N）

顺序号的主要功能是为了让人们在输入数据或进行程序校验时，能方便地找到其中某一行的程序内容。顺序号由两部分组成：字母N+数字，数字的范围是1～9999，即顺序号的范围是N1～N9999。顺序号一般放在程序段的

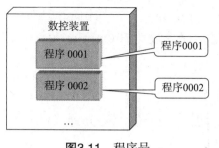

图3.11 程序号

段首，表示该程序段的号码，一般设置数字间隔为5～10，这样以后插入程序时就不会改变程序段号的顺序，如图3.10中的N10、N20、N30等。

3.4.3 准备功能（G）

地址"G"和数字组成的字表示准备功能，也称为G功能。范围一般是G00～G99，前置的"0"可以省略，例如G00与G0，G01与G1等可以互用。G功能是为了建立机床或控制系统工作方式的一种命令。不同数控系统的G代码各不相同，同一数控系统中不同型号的G代码也有变化，使用中应以数控机床使用说明书为依据。G指令代码见本书附录。

G指令分为两种类型：一种是模态，另一种是非模态。

一个模态的G功能被指令后，只要同组的其他模态G代码没有出现，就一直有效，如图3.12所示。而非模态的G功能仅在其被指令的程序段中有效。

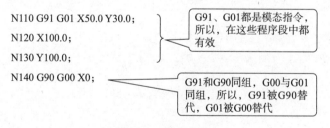

图3.12 模态指令

3.4.4 尺寸字（X/Y/Z/A/B/C）

尺寸字表示机床上刀具运动到达的坐标位置或转角。例如："G00 X20 Y30 Z100；"表示刀具运动终点的坐标为（20，30，100）。尺寸单位分为公制、英制，公制一般用毫米（mm）表示，英制用英寸（in）表示。

3.4.5 进给功能（F）

进给功能F表示刀具切削加工时进给速度的大小，数控铣床进给速度的单位一般为毫米/分钟（mm/min）。在图3.10中，"N90 G41 G01 X-40 D1 F200"表示刀具进给时速度为200mm/min(注：F进给速度不需要加小数点，默认为mm/min)。

3.4.6 主轴转速（S）

S指令表示主轴的转速，单位：转/分钟（r/min）。例如：S1200 表示主轴转速为1200 r/min。

S指令属于模态指令，除非被新的S指令所取代或者由主轴停止指令（M05）取消，否则在程序中将一直有效。

3.4.7 刀具功能（T）

刀具功能T表示指定加工时所选用的刀具号。例如：T1表示选择1号刀。

3.4.8 辅助功能（M）

辅助功能主要用于指定与机床轴运动无关的数控机床功能，也称为M代码，范围一般从M00～M99，前置的"0"可省略不写，如M02与M2、M03与M3可以互用。各指令代码详见本书附录。

第 4 章

机床面板的
功能及基本操作

4.1　FANUC 0i数控系统编程面板

数控机床面板分为编程面板和操作面板两部分。不同系统的编程面板的布局和功能也不尽相同。本书主要以FANUC系统面板为例，其数控编程面板分不同型号，但只是形式不一，而按键基本相同。机床控制面板是由机床厂家配合数控系统自主设计的，形式更是多种多样，但大致按键功能是一样的，只是位置稍有差异。本书主要以友嘉FV-800的机床面板为例进行介绍。

FANUC 0i数控系统机床面板如图4.1所示。该面板由 NC 系统生产厂商 FANUC 公司提供，其中，CRT 是阴极射线管显示器的英文缩写（Cathode Radiation Tube），而MDI 是手动数据输入的英文缩写（Manual Data Input）。我们可以将面板的键盘分为以下几个部分。

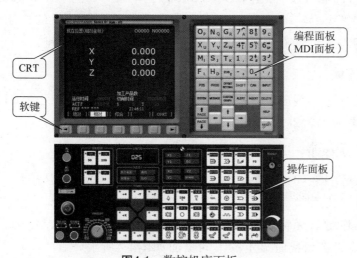

图4.1　数控机床面板

1. 软 键

该部分位于CRT显示屏的下方，除了左、右两个箭头键（有的没有箭头键）以外，键面上没有任何标识。这是因为各键的功能都被显示在CRT显示屏下方的对应位置，并随着CRT显示的页面不同而有着不同的功能，这就是该部分被称为软键的原因，如图4.2所示。

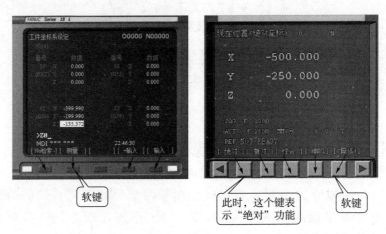

图4.2 软键的功能

2. 系统操作键

这一组有两个键，分别为"RESET"键和"INPUT"键，其中，RESET键为复位键，INPUT键为输入键。

3. 光标移动键和换页键

在MDI面板上，标有CURSOR的上、下、左、右箭头方向的按键（"↑"、"↓"、"←"、"→"）为光标移动键（有的机床上没有标有CURSOR字符），标有"PAGE"的上、下箭头键为换页键。

4. 编辑键

这一组有三个键：ALTER、INSERT和DELETE，位于MDI面板的右上方，这3个键为编辑键，用于编辑加工程序。

5. NC功能键

该组的6个键（标准键盘）或8个键/（全键式）用于切换NC显示的页面以实现不同的功能。

系统操作键、光标移动键、换页键、编辑键和NC功能键的位置如图4.3所示。NC功能键切换时显示的不同页面如图4.4所示。

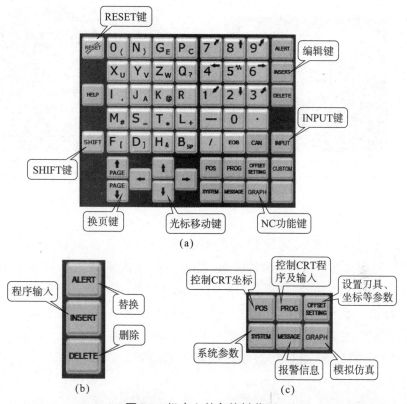

RESET键

编辑键

INPUT键

SHIFT键

换页键

光标移动键

NC功能键

(a)

程序输入

替换

删除

(b)

控制CRT坐标

控制CRT程序及输入

设置刀具、坐标等参数

系统参数

报警信息

模拟仿真

(c)

图4.3 机床上的各按键位置

(a) 按下POS键时，出现POS界面

(b) 按下PROG键时，出现的程序编辑界面

(c) 按下OFFSET键时，出现的OFFSET界面

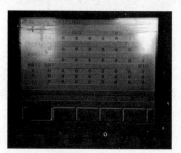

(d) 按下SYSTEM键时，出现的系统参数界面

图4.4 按下NC功能键机床显示的不同页面

(e) 按下MESSAGE键时，出现的程序报警界面　　　(f) 按下CRAPH键时，出现的程序模拟界面

续图4.4

6. 数据输入键

该部分包括了机床能够使用的所有字符和数字。我们可以看到，基本所有的字符键都具有两个功能，较大的字符为该键的第一功能，即按下该键可以直接输入该字符，较小的字符为该键的第二功能，要输入该字符需先按"SHIFT"键（按"SHIFT"键后，屏幕上相应位置会出现一个"∧"符号）然后再按该键。另外键"SP"是"空格"的英文缩写（Space），也就是说，该键的第二功能是空格。数据输入键如图4.5所示。

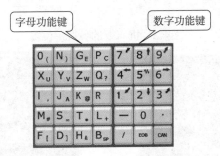

图4.5　数据输入键

4.2　零件程序的输入、编辑和注册（存储）

4.2.1　输入单行程序段

MDI方式下可以从CRT/MDI面板上直接输入并执行单个程序段，被输入并执行的程序段不被存入程序存储器。例如，我们要在MDI方式下输入并执行程序段"X－17.5 Y26.7；"操作方法如下。

（1）将方式选择开关置为MDI；按PROG键使CRT显示屏显示程序页面（图4.6）。

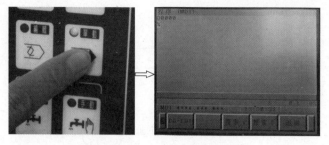

图4.6 输入单行程序段步骤1

（2）依次按下"X""－""1""7""．""5"键。

（3）按下INSERT键，输入程序段的内容。

（4）按循环启动按钮使该指令执行。

具体操作步骤如图4.7所示。

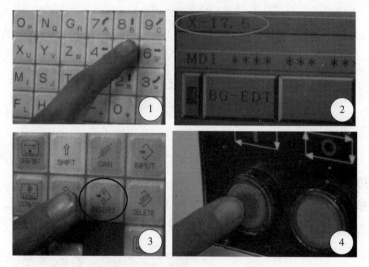

图4.7 输入单行程序段步骤2

4.2.2 新程序的注册（存储）

向NC的程序存储器中加入一个新的程序号的操作称为程序注册，操作方法如下。

（1）方式选择开关设置到"程序编辑"的位置；程序保护钥匙开关置于"解除"的位置（图4.8）。

（2）按PROG键，输入"O0001"。

（3）按INSERT键。

具体操作步骤如图4.9所示。

图4.8 新程序注册的步骤1

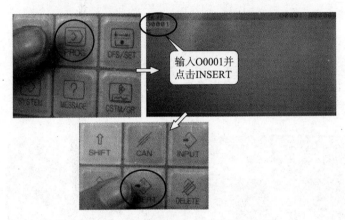

图4.9 新程序注册的步骤2

4.2.3 搜索并调出程序

（1）方式选择开关置于"程序编辑"或"自动运行"位；按PROG键，输入"O0001"。

（2）按向下光标键（标有"↓"的方向键），如图4.10所示。

（3）搜索完毕后，被搜索程序的程序号会出现在屏幕的右上角。如果

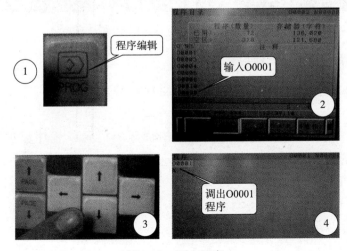

图4.10 调出程序

没有找到指定的程序号，机床会出现报警。

4.2.4 插入一段程序

该功能用于输入或编辑程序，方法如下。

（1）用上面所介绍的方法调出需要编辑或输入的程序，如图4.11所示。

图4.11 调出O0001程序

（2）使用翻页键（标有PAGE的↑↓键）和上、下光标键（标有CURSOR的↑↓键）将光标移动到插入位置的前一个数据的下面。

（3）输入需要插入的内容。此时，输入的内容会出现在屏幕下方，该位置被称为输入缓存区。

（4）按INSERT键，输入缓存区的内容被插入到光标所在的数据的后面，光标则移动到被插入的数据下面。当输入内容在输入缓存区时，使用CAN键可以从光标所在位置起一个一个地向前删除字符。程序段结束符"；"使用EOB键输入。

操作步骤如图4.12所示。

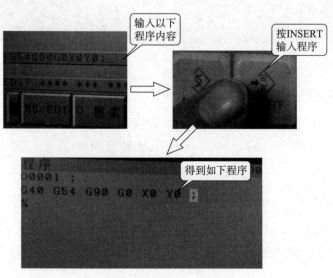

图4.12 插入一段程序

4.2.5 使用CAN键（退格键）

当发现输入内容有错误时，点击CAN键进行修正，例如，想要输入
"S1200M03"却输入为"S1200M0456"，这时就需要把"0456"删除，
改为正确的数据，如图4.13所示。

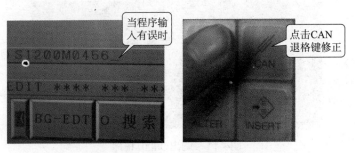

图4.13 使用CAN键修正错误

4.2.6 使用DELETE键（删除键）

当已经输入的程序发生错误需要删除时，按DELETE键即可。如图
4.14所示，要将"Y-40."删除，需要将光标移动至"Y-40."位置，点击
"DELETE"键。

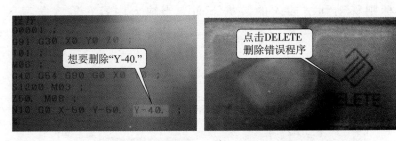

图4.14 删除键

4.2.7 使用ALTER键（替换键）

当已经输入的程序发生错误需要替换时，使用ALTER键。如图4.15
所示，要将M09改为M08，需要将光标移动至M09位置，输入M08并点击
"ALTER"键。

4.2.8 注意事项

（1）程序命名时不能取相同的程序名，否则会出现报警（图4.16）。

（2）O9000以上程序一般为机床内部程序，不可随意修改和删除（图
4.17）。

图4.15 替换键

图4.16 程序名不能重名

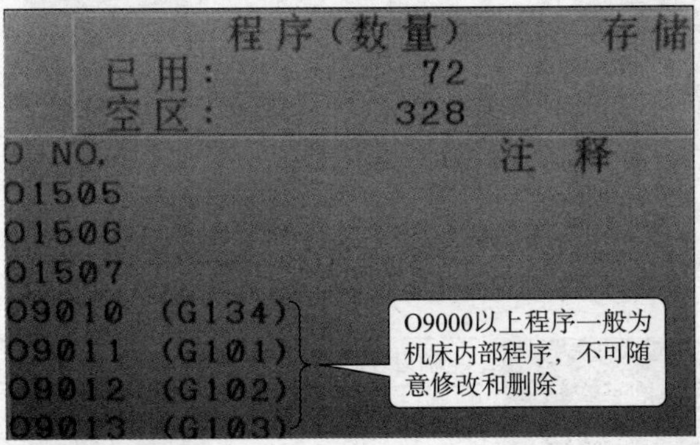

图4.17 O9000以上程序不可随意修改和删除

4.3 机床操作面板简介

对于配备FANUC系统的加工中心来说，机床控制面板的操作方法基本上大同小异，除了部分按钮的位置不相同以外，一般情况的操作内容都是一样的。如果想要熟练操作加工中心，那么，机床操作面板上各按钮的作用，操作人员必须熟练掌握。下面介绍友佳数控加工中心机床FV800机床操作面板及各按钮的作用。友佳数控加工中心机床FV800机床操作面板如图4.18所示。

友佳数控加工中心机床FV800机床操作面板各按钮的功能如表4.1所示。

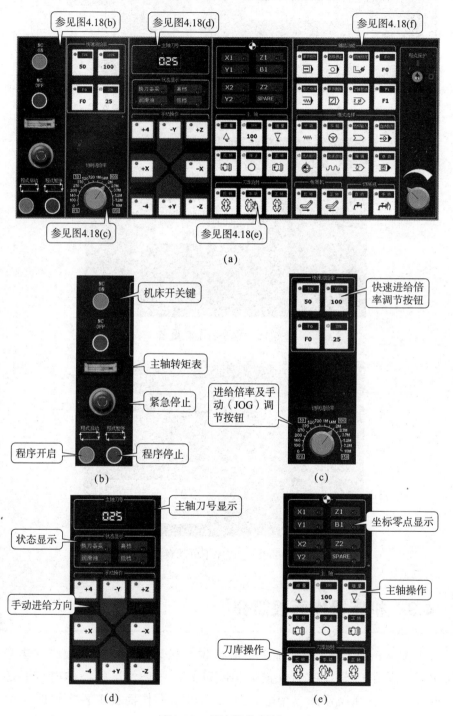

图4.18 机床操作面板

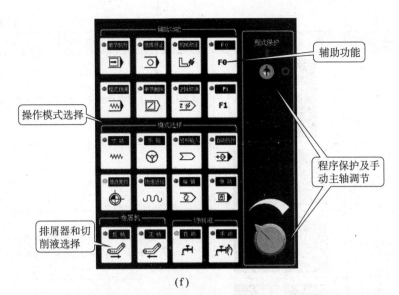

(f)

续图4.18

表4.1 友佳数控加工中心机床FV800机床操作面板的各按钮功能

名 称	图 示	说 明
电源开启（ON）		按下本键，控制器电源开启。屏幕自动启动画面
电源关闭（OFF）		按下本键，控制器电源关闭。屏幕画面自动消失
紧急停止键		在紧急情况发生时，按下本钮可使机器全面停止，可以想象成输入于所有"发动机"的电流全部中断（但机器不断电），三轴停止移动（如有第四轴也停止转动），主轴停止旋转。画面未消失，显示ALARM信息。旋转警告灯转动
程序暂停		此按键于自动或单动操作时有效，程序执行中按此键程序中止，轴停止不动而主轴继续转动，如果想再执行程序，则按程序启动键即可

续表4.1

名　称	图　示	说　明
程序启动		此按键于自动或单动操作时有效，用于程序的执行
程序执行按钮		AUOT：自动运行加工程序； MDI：手动资料输入模式
程序输入键		EDIT：手动编辑、修改，增加或删除程式； DNC：资料输入，用于计算机直接控制机床进行加工
手动操作机床		手轮：用手轮作手动进给，移动各轴； 快速进给：按各轴向键及选择快速移动各轴
		寸动模式：移动各轴，选择进给速倍率； 原点复归：刚开机，作第一次原点复归时，机床回参考点，直到复归原点完成后，指示灯常亮
AUTO（自动）模式下的按钮		单节执行：按下本功能键后。程式执行完一个单节后即停止，且按一次程式启动键仅能执行一个单节程式。 机械锁定：本功能键有效时，伺服轴机械会被锁定不动，但屏幕坐标会移动。 单节删除：本功能有效时，在程式执行遇单节前有"/"符号时，此单节略过不执行。 程序预演：本功能键有效时，刀具始终为快速进给，其各轴移动速率由切削进给率旋钮决定。 选择停止：按下本功能键指示灯亮时，执行程序中，若有M01指令时，程序将停止于该单节
程序保护开关		一般情况，将此钥匙设定在"ON"的位置，以保护数据不被修改或删除。放在"OFF"位置时，可以编辑、取消或修改程序
手动主轴调速		在手动模式下，即"寸动模式"、"首轮模式"、"快速进给模式"下，使用手动主轴旋转时，对主轴的转速进行调整。在"自动模式"下无效

续表4.1

名 称	图 示	说 明
切削液按钮		手动模式时按"手动"键时，切削液则立即喷水。自动执行时将其置于"自动"状态下，切削液按钮按程序执行
铁屑输送机		铁屑输送机及螺旋排屑正转和反转用于排屑机运动方向
刀库按钮		手动模式下刀库确认、正转、反转。先按下刀库确认按钮，之后选择正转、反转
主轴按钮		在自动模式下操作有效主轴升速、降速和恢复100%转速
		手动模式下，主轴正转、反转、停止
倍率调节按钮		切削进给率调整旋钮：进给速度可以通过进给倍率进行调节，调节范围为0~150％。对于"自动执行"模式下切削进给率F值也可进行调节
		快速进给率调节按钮：有四挡，100％、50％、25％、F0，当为100％时，机床以参数所设定的最大快速进给率移动
JOG进给		+X：刀具向X轴"＋"方向移动
		−X：刀具向X轴"−"方向移动
		+Y：刀具向Y轴"＋"方向移动
		−Y：刀具向Y轴"−"方向移动
		+Z：刀具向Z轴"＋"方向移动
		−Z：刀具向Z轴"−"方向移动

续表4.1

名　称	图　示	说　明
手摇脉冲发生器		手摇脉冲发生器位于机床的一侧，主要用于机床的手轮操作。其分为X/Y/Z方向手轮操作，其中，X1\X10\X100分别为每转1格0.001mm、0.01mm、0.1mm三种
过行程解除键		当进给轴发生硬体过行程时，可按住该键，并点击复位键来消除由硬体过行程而发生的报警，并用手轮向报警轴反方向进给来解除报警
主轴转矩表	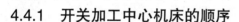	指示主轴实际切削时，主轴负载量

4.4　基本操作

4.4.1　开关加工中心机床的顺序

FV-800A机床FANUC-0i系统开机步骤如图4.19所示。

FV-800A机床FANUC-0i系统关机步骤如图4.20所示。

4.4.2　回机床零点的方法及需要回参考点情况

1．回机床零点的方法

（1）选择"原点复归"的模式，按"+Z"方向键，则Z轴自动原点复归。

（2）按X轴和Y轴方向键，则X轴和Y轴自动原点复归（图4.21）。

2．需要回零点的4种情况（对相对编码器的机床而言）

（1）开机。

（2）按下急停开关后。

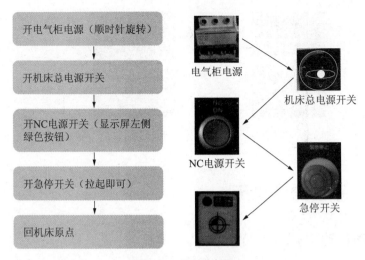

图4.19 开机步骤

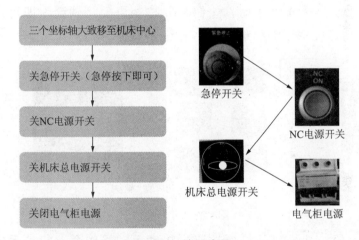

图4.20 关机步骤

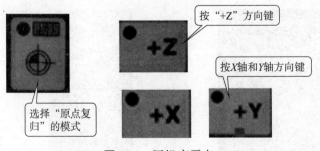

图4.21 回机床零点

（3）用过"机床锁定"或"Z轴取消"辅助功能键后（图4.22）。

（4）解除完硬限位。

图4.22 "机床锁定"和"Z轴取消"键

4.5 手动操作机床

4.5.1 手动移动 "*X*"、"*Y*"、"*Z*"轴

手动移动 "*X*"、"*Y*"、"*Z*"轴,共有三种方式。

(1)寸动:选择"寸动"按钮,并按相应的"轴键"即可,如图4.23所示。其移动速度由"切削进给率"旋钮来控制。

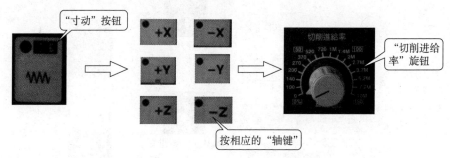

图4.23 寸动操作

(2)手轮:选择"手轮"按钮,摇动手动操作盒上的"手轮"即可,如图4.24所示。

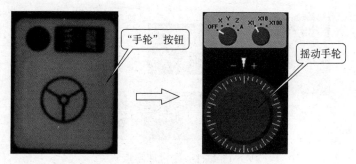

图4.24 手轮操作

(3)快速进给:选"快速进给"按钮,按相应的"轴键"即可。其移动速度由"快速进给率"按钮控制,如图4.25所示。

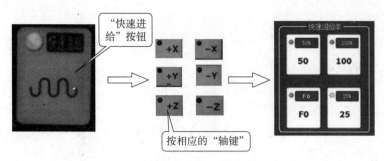

图4.25 快速进给操作

4.5.2 手动转动主轴

选择"手动"模式中的任意一种（例如寸动），按"主轴正转"或"主轴反转"键，使主轴正转或反转，其旋转速度可由主轴转速调整键调整，如图4.26所示。

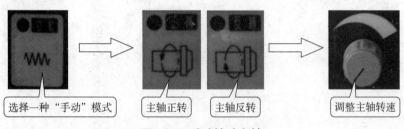

图4.26 手动转动主轴

4.5.3 手动操作"刀库"

选择"手动"模式的任意一种，按下"刀库手动"键，按"刀库正转"或"刀库反转"键，使刀库正、反转，如图4.27所示。

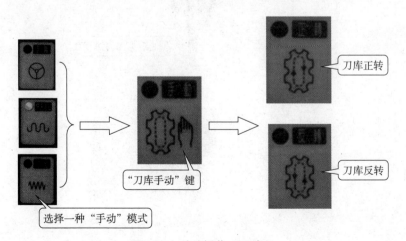

图4.27 手动操作"刀库"

注意事项：

（1）当"刀库手动"键熄灭时，操作面板上的"主轴刀号显示屏"上显示的数字为当前主轴上的刀具号。

（2）当"刀库手动"键点亮时，操作面板上"主轴刀号显示屏"上显示的数字为当前处于换位刀套中的刀具号。

（3）刀臂式刀套与刀具号不统一，即1号刀套中装的刀具不一定为1号刀具，刀套中的刀具号是随机的，即每执行一次换刀动作，处于当前刀位的刀套中的"刀具"会改变，机械手会把当前换刀位刀套中的刀具和主轴上的刀具交换（斗笠式刀库则是统一的）。

几种不同形式的刀库如图4.28所示。

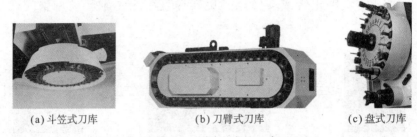

(a) 斗笠式刀库　　　　　　(b) 刀臂式刀库　　　　　　(c) 盘式刀库

图4.28　不同形式的刀库

例如：当前换刀位的刀套号为20，刀套中的刀具号为10，主轴上的刀具号为8，经过换刀后（M06指令），20号刀库中的10号刀具会装到主轴上，主轴上的8号刀具会装到20号刀套上去，如图4.29所示。

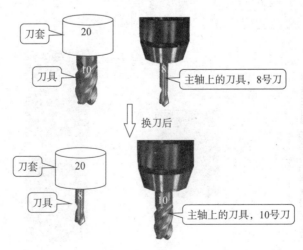

图4.29　换刀操作

4.5.4 手动操作排屑机

选择"手动"模式下中的任一种，按"排屑机正转"或"排屑机反转"键，排屑机就会正转或反转，如图4.30所示。

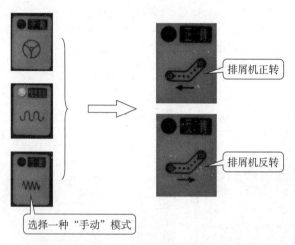

图4.30 手动操作排屑机

4.5.5 手动操作"切削液"

选择"手动"或"自动"模式都行，按下"切削液手动"键，切削液会自动喷出，再按一次切削液会关闭，如图4.31所示。

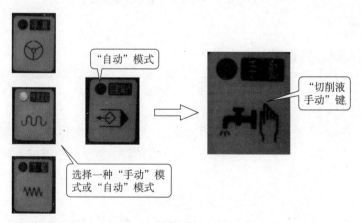

图4.31 手动操作"切削液"

注意：如程序中使用M08，则必须选择"切削液自动"按钮（图4.32），否则机床会报警。选中后，按钮左上角的指示灯会亮。

4.5.6 手动资料输入的操作（MDI）

（1）将模式选择旋钮旋至"单动"键（MDI）。

选中后，按钮左上角的指示灯会亮

图4.32　"切削液自动"按钮

（2）按下PROG功能键，切换到程序录入界面。

（3）使用MDI操作键，将程序录入后，按下程序启动键，开始执行MDI程序。

（4）程序执行完成后，自动清除MDI中的程序。

具体操作步骤如图4.33所示。

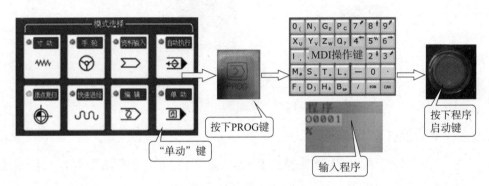

按下PROG键

"单动"键

输入程序

按下程序启动键

图4.33　手动资料输入的操作

4.6　对刀操作

4.6.1　对刀原理

对刀的目的是通过刀具或对刀工具，确定工件坐标系与机床坐标系之间的空间位置关系，并将对刀数据（即坐标值）储存在机床系统里，以备调用，如图4.34所示。

那么，到底是什么方法使"机床坐标系"认识了"工件坐标系"呢？下面我们来仔细分析对刀的过程，以X方向的对刀过程为例进行说明。

（1）首先，我们要确定工件坐标系原点，该点就是对刀点，如图4.35所示。

铣削加工对刀时，一般以机床主轴轴线与刀具端面的交点（主轴中心）为刀位点，所以，无论采用哪种工具对刀，结果都是使机床主轴轴线和刀具端面的交点与对刀点重合，如图4.36所示。

在对刀前，机床系统"不认识"工件坐标系，此时，工件坐标系
和机床坐标系之间没有联系，就好像有一堵墙挡在了二者之间

对刀后

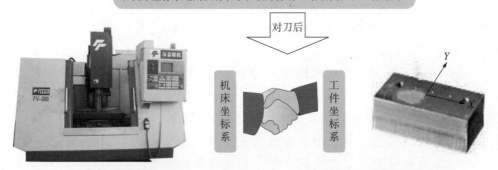

对刀后，机床坐标系和工件坐标系成了"好朋友"，二者之间建立了紧密关系

图4.34 对刀原理

本例以工件的上表面中心为对刀点

图4.35 对刀点

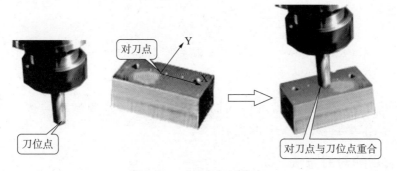

图4.36 对刀点与刀位点

（2）一般有几种常用的对刀方法，本例采用试切法对刀，即用刀具直
接接触工件进行试切对刀。这种方法比较简单，但会在工件表面留下痕迹，

且对刀精度不够高。

（3）将工件通过夹具装在工作台上，装夹时，工件的四个侧面都应留出对刀的位置。

（4）启动主轴旋转（例如设置主轴转速为800r/min），然后快速移动工作台和主轴，让刀具快速移动到靠近工件左侧（即操作者的左侧）有一定安全距离的位置，然后用"手轮"方式降低速度移动至接近工件左侧。靠近工件时，改用微调操作（一般用0.01mm来靠近），让刀具慢慢接近工件，使刀具恰好接触到工件表面，注意观察，是否有切削声音或切屑，只要出现其中一种情况即表示刀具接触到工件。

（5）X坐标值"归零"。选择"POS"坐标中的"相对"方式，在MDI键盘上点击"X"之后，再点击"归零"，此时CRT显示器上的X坐标变成0.000mm。

（6）将刀具沿Z正方向抬起，移动至工件的另一侧以同样方法对刀，CRT显示器出现X的坐标值，例如为83.6mm。记下这个X坐标值，据此可得工件坐标系原点在机床坐标系X方向上的坐标值为83.6mm ÷2=41.8 mm。

（7）将刀具抬起并利用手摇脉冲发生器进给至X41.8位置。

（8）同理可测得工件坐标系原点在机床坐标系中的Y坐标值。

X方向的对刀过程如图4.37所示。

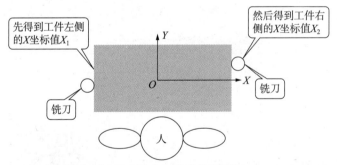

工件坐标系原点O在机床坐标系中X方向的坐标值为$(X_1+X_2)/2$

图4.37　X方向的对刀过程

对于Z方向坐标值的测量，我们可以采用直接式测量或间接式测量等方法，具体操作步骤参照4.7节的内容。

4.6.2　常用的对刀方法

1. 直接对刀

用已安装在主轴上的刀具，通过手轮移动工作台，使旋转的刀具与工件的表面做微量的接触（产生切屑或摩擦声），这种方法简单方便，但会在工件上留下切削痕迹，并且对刀精度较低。

2.使用寻边器对刀

寻边器的种类一般有：机械式寻边器和光电式寻边器，如图4.38所示。

机械式寻边器分上、下两部分，中间用弹簧连接，上半部分用刀柄加持，下半部分接触工件。使用时必须注意主轴转速，避免因转速过高而损坏寻边器。机械式寻边器的触头形状不一样，有的是小短头，有的只是一个圆柱，一般情况下我们使用大触头（一般大触头直径为$\phi10$mm，小触头直径为$\phi4$mm），但是有一些小槽或者小孔，大测量头无法进入时使用小测量头进行测量。另外，一般情况下寻边器安装在钻夹头上，是为了测量时使用方便、快捷（拆装方便）。

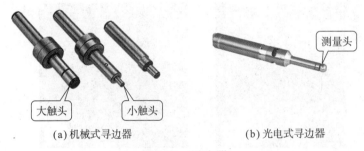

(a)机械式寻边器   (b)光电式寻边器

图4.38 寻边器

光电式寻边器主要有两部分：柄体和测量头（$\phi10$mm的圆球）。使用时，可将主轴停止转动进行测量，为了提高测量精度，可以使用较低的主轴转速（转速在800r/min以下）。注意：应避免测量头与工件碰撞，应该慢慢地接触工件。

4.6.3 试切法操作实例

试切法对刀主要是针对毛坯未经加工过的零件进行对刀的一种方法，对刀比较方便并且容易理解。

（1）首先将工件装夹到机床的工作台上，如图4.39所示。

图4.39 工件原点的位置

（2）点击"手轮"按钮，选择"手动"模式下"主轴正转"，利用主轴修调功能将转速控制在800r/min以下，点击"手轮"按钮，选择"手动"模式下主轴正转，再使用手轮将工件快速移动至快接近工件处。

（3）将手轮调整为0.01mm，以较慢的速度接近工件直到刀具与工件接触，这时会有铁屑或是声音出现，选择POS坐标中的"相对"方式，使X坐标"归零"。然后将刀具抬起移动至工件的另一侧，以同样方法对刀，CRT显示器出现X为83.6mm。

（4）将刀具抬起并利用手摇脉冲发生器进给至X41.8位置。点击"OFFSET SETTING"键，点击"坐标系"按钮，点击"操作"并输入"X0"，点击"测量"，将工件坐标系原点的X0坐标值存储到机床系统中。

操作步骤如图4.40所示。

(a) 点击手轮按钮

(b) 选择手动模式下主轴正转

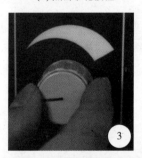

(c) 利用主轴修调功能将转速控制在800r/min以下（眼睛看着POS坐标的变化）

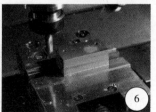

(d) 利用手轮将工件快速移动至快接近工件处

图4.40　试切法对刀

(e) 将手轮调整为0.01mm，以较慢的速度接近工件直到刀具与
工件接触，这时会有铁屑或是声音出现

点击"X"键

(f) 选择POS坐标中的相对方式，点击"X"键后，屏幕上"X"开始闪烁

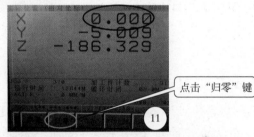

点击"归零"键

(g) 然后点击"归零"，这时X就变成0.000mm了

 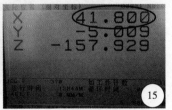

(h) 将刀具抬起移动至另一侧以同样的方法对刀，CRT显示器出现X为83.6mm

(i) 将刀具抬起并利用手摇脉冲发生器进给至X41.8位置

续图4.40

(j) 点击 "OFFSET SETTING" 键

(k) 将光标移动至G54坐标系中的X位置，点击 "坐标系" 按钮，点击 "操作" 并输入 "X0"，点击 "测量"，将工件坐标系原点的X0坐标值存储到机床系统中

续图4.40

4.6.4 寻边器找正法操作实例

寻边器找正法是类似于试切法的一种常见的对刀找正方法，由于试切法会损害已加工工件表面，而对于一些零件的加工表面是不可以损害的，所以，寻边器找正法在实际加工中是比较常见的。本书实例使用的是机械式寻边器。

本例中该工件形状较为简单，工件坐标系原点设置在工件中心位置和上表面顶点处，刀具加工起点选在距工件上表面10mm处，如图4.41所示。

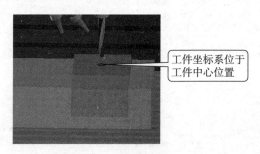

图4.41 工件坐标系的位置

采用寻边器对刀时，其基本操作步骤与试切法一致，所不同的是其在对刀过程中，利用机械式寻边器内的弹簧离心力造成寻边器上、下偏斜（图4.42），其中偏斜的这个点即为接触点，并清零。注意：采用寻边器对刀时，主轴转速不要超过800r/min。

接触工件的一刹那寻边器会产生偏斜

图4.42 使用寻边器接触工件

当寻边器靠近工件时，会产生偏斜→同轴→偏斜，这样一个过程。当工件左边产生偏斜时，点击"POS"界面中"X"的"归零"。这时，屏幕上的坐标系中显示X坐标值为X0。

将寻边器调整至工件的另一侧，对刀。查看数据，例如：X100.22mm（图4.43）。将寻边器抬起并移动至X50.11mm处。点击"OFFSET SETTING"键，将光标移动至X，输入"X0"，点击"测量"。这时，就将所测得的实际值存储到坐标系中。同理，测量得到工件坐标系Y方向的坐标值。

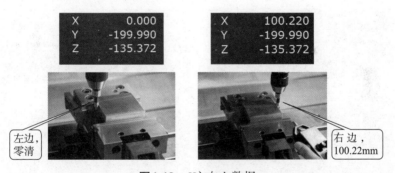

左边，零清

右边，100.22mm

图4.43 X方向上数据

当工件坐标系位于某一角点时，如图4.44所示。我们需要将工件坐标系手动移动一个位置并确定工件坐标系。点击"手动"方式，点击"主轴正转"，用"倍率调节"按钮将转速调整为500r/min左右。利用手轮将装有寻边器的钻夹头移动到图中位置。

点击"POS"中"X""归零"（具体归零步骤参见试切法对刀X、Y、Z归零步骤）。这时，坐标系中显示为X0；将寻边器抬起，利用手轮将寻边器调整至X5位置，如图4.45所示。

点击"OFFSET SETTING"中"坐标系"，输入"X0"并"测量"，X方向测量完毕（图4.46）。使用同样的方法测量工件坐标系的Y方向坐标。

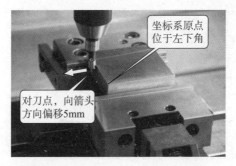

图4.44　工件坐标系位于某一角点

图4.45　X方向上数据

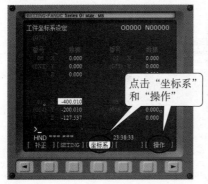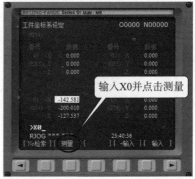

图4.46　X方向测量

4.6.5　百分表找正法操作实例

百分表找正法是精度较高的一种对刀方法，其在对刀过程中可以直接装夹在钻夹头上，也可装夹在专用夹具上，如图4.47所示。

杠杆百分表在对刀操作过程中和前面所述的试切法和寻边器找正法类似，基本步骤一样。只是在调整过程中需要旋转钻夹头找到最高点（图4.48），其他操作方法同前面一致。

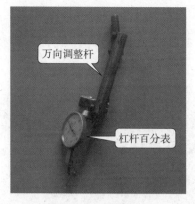

图4.47　杠杆百分表

图4.48　在最高点位置将表盘拧到零的位置（表盘外壳可以旋转）

4.7　装刀并确定刀具长度补偿

4.7.1　刀具安装及拆卸

一般情况下，刀具安装需要在专用装刀工具上进行安装，如图4.49所示。

图4.49　刀具安装

装刀的具体操作步骤如下。

（1）首先确认刀具类型采用何种装刀扳手（常用ER20\ER25\ER32等），如图4.50所示。

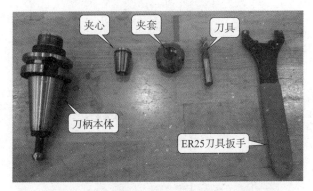

图4.50 装刀的工具

（2）将刀具的刀柄放置在装刀器上（图4.51）。

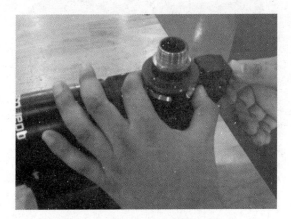

图4.51 将刀柄放置在装刀器上

（3）将夹套和夹心置于一体（图4.52）。

图4.52 夹套和夹心

（4）将夹套和夹心装配在刀柄本体上（图4.53）。

图4.53　将夹套和夹心装配在刀柄上

（5）将刀具安装于夹心内并用扳手拧紧（图4.54）。

图4.54　用板手拧紧刀具

注意：采用ER25换刀扳手换刀时，逆时针方向为松开，顺时针方向为夹紧，将所使用刀具装好换好即可，如图4.55所示。

松开弹簧夹头

图4.55　换　刀

4.7.2　将安装好的刀具及刀柄安装到机床

（1）刀具装夹：将刀具调整至手动模式下（下面4种模式任意模式下均

可实现换刀），如图4.56所示。

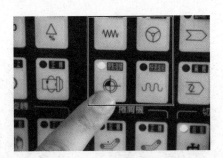

图4.56 手动模式下换刀

（2）右手按住主轴上按钮，左手将刀具插入机床主轴，右手松开，完成刀具安装，如图4.57所示。刀具卸刀时操作步骤相同。

图4.57 装 刀

4.7.3 确定刀具长度补偿

确定刀具长度补偿的方法有很多种，其中较常见的有试切法、量块法、机内对刀仪法和机外对刀仪法等。下面我们介绍手工确定长度补偿的两种方法：试切法和量块法。

1. 试切法

Z方向对刀：安装铣刀，采用试切法对刀，在工件表面放置一张薄纸，然后将纸淋湿放置工件表面，转动手轮至工件表面直到纸被刀尖铣到而移动为止，如图4.58所示。

测量刀具的刀尖从参考点到工件上表面的Z坐标，点击"OFFSET SETTING"按钮，并输入Z0后测量，输入到G54坐标系在加工时需调用，如图4.59所示。

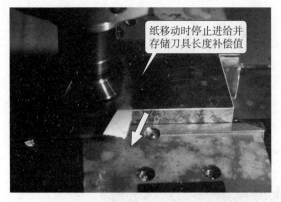

图4.58 试切法确定刀具长度补偿值

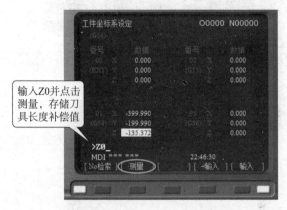

图4.59 输入Z0并点击测量

2. 量块对刀法

试切法容易损伤到工件表面，所以，有时我们还采用量块法进行高度补偿。准备一个标准量块并放置于工件表面（比如40mm量块），将刀具移动至低于量块的距离，一只手转动手轮，另一只手推动量块直至能够通过，再点击"OFFSET SETTING"按钮，并输入"Z40"后"测量"，如图4.60所示。

(a) 移动刀具至低于40mm位置　　　(b) 通过手轮向+Z方向逐渐移动

图4.60 量块对刀法

(c) 直至块规可以通过刀具

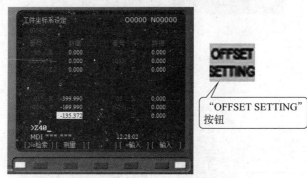

(d) 在"OFFSET SETTING"中输入Z40并测量后
存储到G54坐标系中，完成长度补偿值的设置

续图4.60

第 **5** 章

大平面铣削

平面铣削是数控铣削加工中最基本和最常见的一种铣削内容，其看似简单的加工，却对工艺有极其高的要求。图5.1所示零件就是一个典型的平面铣削加工案例。

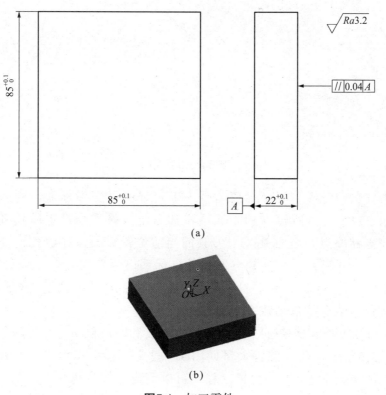

(a)

(b)

图5.1 加工零件

5.1　G代码功能指令

5.1.1　坐标系零点偏置指令（G54～G59）

使用G54～G59指令可设定零点偏置，从而给出工件零点在机床坐标系中的位置，如图5.2所示。

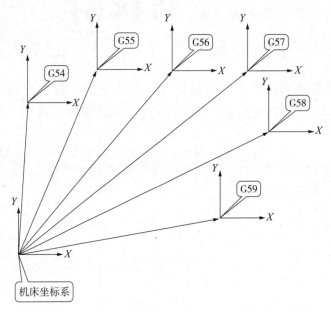

图5.2　坐标系

因为G54～G59中的坐标值是事先确定好的机械坐标值，所以编程时，直接调用G54～G59所建立的坐标系非常方便。该指令设定后，机床坐标系中的工件坐标原点位置不变，与刀具的当前位置无关，在数控系统断电后不会消失，再次开机回零后所建立的工件坐标系仍然有效。

使用时，不论刀具在什么位置，只要在程序开始阶段写上G54～G59其中一个指令，系统就自动建立了工件坐标系。

G54～G59通常是单独一段书写，也可以和G00和G01指令组合使用。

如图5.3所示，假设编程人员使用G54设定工件坐标系编程，并要求刀具运动到工件坐标系中A点的位置。程序可以写成：

　　G54 G00 X40.0 Y50.0 Z10.0；

5.1.2　快速定位指令（G00）

G00指令的功能是使刀具以机床规定的速度（快速）运动到目标点。

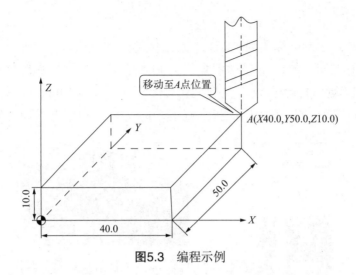

图5.3 编程示例

指令格式：

  G00 X_ Y_ Z_ ；

其中，X、Y、Z为目标点的坐标。

  指令使用说明：用G00指令快速移动时，地址F下编程的进给速度无效。G00一经使用持续有效，直到同组G代码（G01、G02、G03…）取代为止。G00指令刀具运动速度快，容易撞刀，只能使用在退刀及空中运行的场合，向下运动时，不能以G00速度运动切入到工件上，一般应离工件有2～10mm的安全距离，也不能在移动过程中碰到机床、夹具等。

  如图5.4所示，铣刀从加工表面先向上移动一定距离，然后再沿水平方向移动。

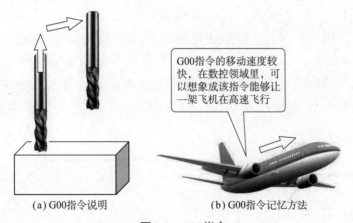

G00指令的移动速度较快，在数控领域里，可以想象成该指令能够让一架飞机在高速飞行

(a) G00指令说明   (b) G00指令记忆方法

图5.4 G00指令

5.1.3 直线插补指令（G01）

  G01直线插补指令可使刀具以给定的进给速度运动到目标点。

指令格式：G01　X_ Y_ Z_ F_；

其中，X、Y、Z为目标点的坐标，F为刀具进给速度大小，单位为mm/min。

　　指令使用说明：G01直线切削加工，必须给定刀具进给速度。该代码为续效代码，一经使用持续有效，直到同组G代码（G00、G02、G03…）取代为止。刀具空间运行或退刀时用此指令则运动时间长，效率低，如图5.5所示。

刀具空间运行或退刀时用G01指令则运动时间长，效率低

G01指令的移动速度较慢，在数控领域里，可以想象成该指令是一辆正在耕地的拖拉机

图5.5　G01指令

5.1.4　轮廓倒角指令（G01）

　　G01指令除可以进行基本的直线插补指令之外，还可以进行拐角过渡和圆弧过渡。在一个轮廓拐角处可以插入倒角或倒圆（指令，C或者，R）。

　　指令格式：

　　　　G01 X_ Y_，C；　　（直线倒角）

　　　　G01 X_ Y_，R；　　（圆弧倒角）

　　指令使用说明：X、Y坐标是指两轮廓（直线与直线、直线与圆弧）间虚拟交点的坐标值，如图5.6所示。"，C"表示倒角部分长度（拐角起点到终点的距离），倒角的方向与两轮廓角平分线垂直。倒圆指令中的"，R"表示倒圆部分圆弧半径，该圆弧与两轮廓相切。倒角、倒圆指令不仅可用

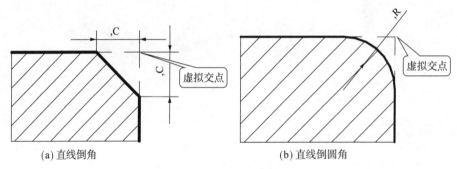

（a）直线倒角　　　　　　　　　　　　　（b）直线倒圆角

图5.6　倒角与倒圆

于直线与直线、直线与圆弧之间，也可用于圆弧与直线、圆弧与圆弧之间的过渡。

5.1.5 定义平面指令（G17、G18、G19）

坐标平面选择指令是用来选择直线、圆弧插补的平面和刀具补偿平面的。G17表示选择XY平面，G18表示选择ZX平面，G19表示选择YZ平面。

各坐标平面如图5.7所示。一般来说，立式数控铣床默认在XY平面内加工。各坐标轴所示平面如图5.8所示。

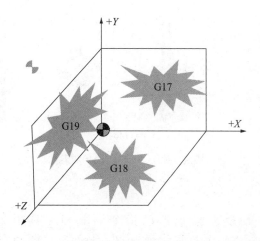

图5.7 平面指令

	G17 XY平面	
	G18 ZX平面	
	G19 YZ平面	

图5.8 各坐标轴所在平面

5.2　M功能指令

5.2.1　M03、M04和M05指令

M03、M04指令为主轴旋转指令，其中M03为主轴正转，M04为主轴反转，M05为主轴停止指令，如图5.9所示。

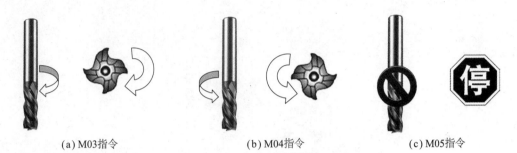

(a) M03指令　　　　　　　　(b) M04指令　　　　　　　　(c) M05指令

图5.9　M03、M04和M05指令

5.2.2　M06指令

M06指令为主轴换刀指令，该指令一般和刀具指令连用。例如程序"T01 M06；"表示01号刀具换刀，如图5.10所示，加工完成后换刀。

图5.10　M06指令

5.2.3　M08和M09指令

M08和M09指令为切削液控制指令，其中M08为切削液打开，M09为切削液关闭，如图5.11和图5.12所示。

5.2.4　M30指令

M30指令为程序结束指令，其一般为整个程序的结束语句。它的含义是

图5.11　M08指令

图5.12　M09指令

程序结束并返回程序的起点（图5.13）。

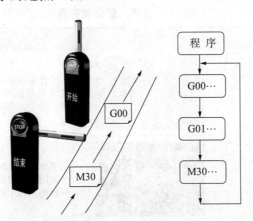

图5.13　M30指令

5.3　数控加工前准备工作

5.3.1　分析零件图

　　如图5.14所示，该任务材料为45钢，毛坯规格为95mm×95mm×25mm。加工采用"先粗后精、基面先行"的原则，先加工基准面，先粗铣后精铣，从①面开始，加工步骤为：①面，粗、精加工上表面→⑤面，粗、精加工右侧面→⑥面，粗、精加工左侧面，控制厚度尺寸→④面，粗、精加工下表面→②面，粗、精加工左（前）侧面（用角度尺找正）→③面，粗、精加工右（后）侧面，控制长度尺寸。

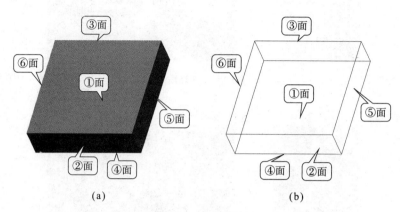

(a)　　　　　　　　　　　　　(b)

图5.14　加工零件

5.3.2　工具、量具和夹具选择

本次加工所用的工具、量具和夹具见表5.1。

表5.1　工具、量具和夹具

序　号	名　称	图　例	说　明
1	工具选择		工件采用平口钳装夹，试切法对刀。其他工具包括六方扳手、平口钳扳手、铜棒、锉刀、毛刷等
2	量具选择		平面间距离尺寸用游标卡尺测量，形位公差用百分表检测，表面质量用粗糙度样板检测，另用百分表校正平口钳的钳口
3	夹具选择		数控用精密平口钳，使用前需要校正

5.3.3 刀具及切削用量选择

加工材料为45钢，粗铣背吃刀量除留精铣余量，一刀切完。粗铣、精铣选择一把刀具来完成。切削速度可较高，具体切削参数见表5.2。

表5.2 切削参数

刀 号	刀 具	工作内容	$F/$（mm/min）	a_p/mm	$n/$（r/min）
T01 ϕ63 mm		粗铣平面，深度方向留0.1mm精铣余量	300	2	800
		精铣到尺寸	300	0.1	1500

5.3.4 数控编程

本例我们只编写粗铣加工上表面轮廓的程序，其他平面的加工程序略。工件坐标系设在毛坯的左下角处，如图5.15所示。

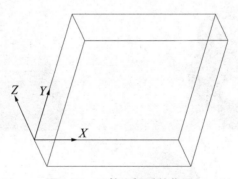

图5.15 工件坐标系的位置

对于刚开始学习编程的人员，不像有经验的编程人员一样，可以从头到尾流畅地将程序一口气地编写完成，而是采用分段、分步骤编写的方法来完成任务。

第一步，先编写程序号，并将刀具运动的各点坐标写出来（上面空出3~4行），如下面程序所示。各坐标点的位置如图5.16和图5.17所示。

程　序	注　释
O0001	（程序号）
...	
X–36.5 Y27.5 Z100.0	（A 点坐标（–36.5，27.5，100.0））
X–36.5 Y27.5 Z2.0	（B 点坐标（–36.5，27.5，2.0））
X–36.5 Y27.5 Z–1.0	（C 点坐标（–36.5，27.5，–1.0），下刀点）
X95.0 Y27.5 Z–1.0	（D 点坐标（95.0，27.5，–1.0））
X95.0 Y67.5 Z–1.0	（E 点坐标（95.0，67.5，–1.0））
X–4.0 Y67.5 Z–1.0	（F 点坐标（–4.0，67.5，–1.0））
X–4.0 Y67.5 Z100.0	（G 点坐标（–4.0，67.5，100.0），起刀点）
...	

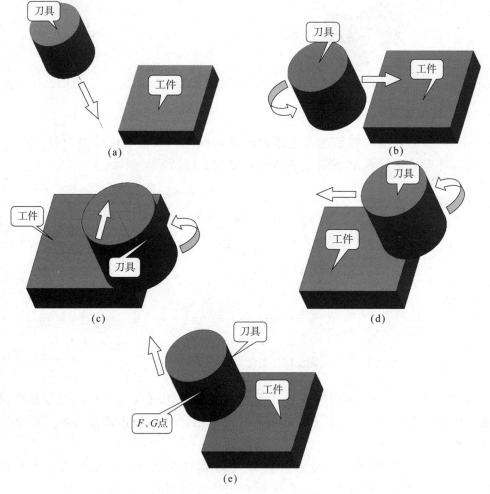

图5.16　各坐标点的位置（立体）

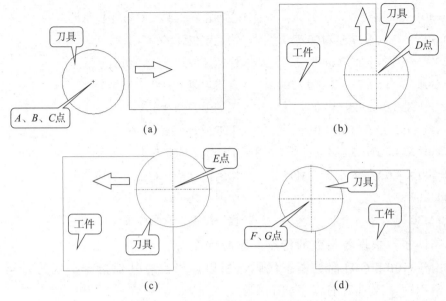

图5.17 各坐标点的位置（平面）

第二步，分析刀具移动的特点，具体内容如下面程序所示。

程　序	注　释
O0001	（程序号）
...	
G00 X–36.5 Y27.5 Z100.0	（快速定位到 A 点坐标（－36.5，27.5，100.0））
G00 X–36.5 Y27.5 Z2.0	（快速定位到 B 点坐标（－36.5，27.5，2.0））
G01 X–36.5 Y27.5 Z–1.0	（直线匀速下刀到 C 点坐标）
G01 X95.0 Y27.5 Z–1.0	（工进至 D 点坐标）
G01 X95.0 Y67.5 Z–1.0	（工进至 E 点坐标）
G01 X–4.0 Y67.5 Z–1.0	（工进至 F 点坐标）
G00 X–4.0 Y67.5 Z100.0	（快速抬刀至 G 点坐标）
...	

第三步，按编程格式补齐程序段的内容。依次添加程序段的序号、采用G54坐标系、设定刀具号、主轴转速、主轴旋转方向，主轴停止、程序段结束符、切削液开/关等项内容，如下面程序所示（程序段结束符是指在操作时按机床控制面板上的EOB键，在书上表现为"；"形式）。

程　序	注　释
O0001 ；	（程序号）
N10 T01 M06 ；	（换刀 T01 号刀具（面铣刀））

N20 M03 S600 G54 ；	（主轴正转，调入 G54 坐标系）
N30 G00 X–36.5 Y27.5 Z100.0 ；	（快速定位到 *A* 点）
N40 X–36.5 Y27.5 Z2.0 M08 ；	（快速定位到 *B* 点，切削液打开）
N50 G01 X–36.5 Y27.5 Z–1.0 F300 ；	（直线匀速下刀到 *C* 点坐标）
N60 G01 X95.0 Y27.5 Z–1.0 ；	（工进至 *D* 点坐标）
N70 G01 X95.0 Y67.5 Z–1.0 ；	（工进至 *E* 点坐标）
N80 G01 X–4.0 Y67.5 Z–1.0 ；	（工进至 *F* 点坐标）
N90 G00 X–4.0 Y67.5 Z100.0 M05 ；	（快速抬刀具至 *G* 点，主轴停止）
N100 M09 ；	（切削液关闭）
N110 M30 ；	（程序结束，返回程序头）

第四步，根据各指令的特点，删减程序。

由于 G00 和 G01 都是模态代码，所以，当没有其他指令出现的时候，可以省略不写，改写后的程序如下所示。

程　序	注　释
O0001 ；	（程序号）
N10 T01 M06 ；	（换刀 T01 号刀具（面铣刀））
N20 G90 M03 S600 G54 ；	（主轴正转，调入 G54 坐标系）
N30 G00 X–36.5 Y27.5 Z100.0 ；	（快速定位到 *A* 点）
N40 Z2.0 M08 ；	（快速定位到 *B* 点，*X*、*Y* 坐标与上一行相同；切削液打开）
N50 G01 Z–1.0 F300 ；	（直线匀速下刀到 *C* 点坐标，*X*、*Y* 坐标与上一行相同）
N60 X95.0 ；	（工进至 *D* 点坐标，*Y*、*Z* 坐标与上一行相同）
N70 Y67.5 ；	（工进至 *E* 点坐标，*X*、*Z* 坐标与上一行相同）
N80 X–4.0 ；	（工进至 *F* 点坐标，*Y*、*Z* 坐标与上一行相同）
N90 G00 Z100.0 M05 ；	（快速抬刀具至 *G* 点，主轴停止；*X*、*Y* 坐标与上一行相同切削液关闭）
N100 M09 ；	
N110 M30 ；	（程序结束，返回程序头）

5.4　数控加工实施

1. 装夹工件并找正

检查毛坯尺寸，根据工件的大小和加工需求，确定选择怎样的毛坯并测量工件毛坯尺寸，如图 5.18 所示。

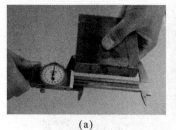　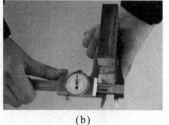

(a)　　　　　　　　　　　(b)

图5.18 检查毛坯尺寸

工件装夹：平口钳装夹在铣床工作台上，用百分表校正。工件装夹在平口钳上，底部用等高垫块垫起，并伸出钳口5～10mm。用铜棒将工件轻轻敲平，敲至垫铁手推不动为止，如图5.19所示。

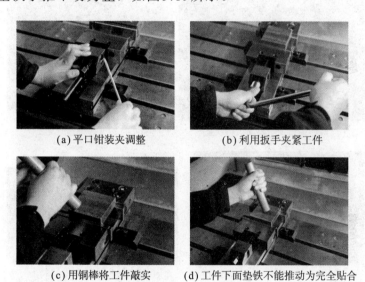

(a)平口钳装夹调整　　　　　　　(b)利用扳手夹紧工件

(c)用铜棒将工件敲实　　(d)工件下面垫铁不能推动为完全贴合

图5.19 工件装夹

2. 确定坐标系对刀

采用寻边器对刀方法进行对刀，从图5.20可以看到，此工件将坐标系放置于中心和角点都易于编程。但放置于左下角更加利于平面编程中的数值计算，故确定将此工件坐标系置于左下角。

3. 装刀并确定刀具长度补偿

安装刀具并采用试切法确定刀具长度补偿值。

4. 编程及加工

调入前面编辑好的程序，将操作按钮置于自动执行状态，按开始键进行加工，如图5.21所示。

图5.20 工件坐标系位置

(a) 操作按钮置于自动执行状态

(b) 按开始键进行加工

(c) 工件在加工中

图5.21 加工工件

六方轮廓加工具体实施步骤如图5.22所示。

①面应先加工第一表面，作上记号采用粗、精加工分开的形式

(a) 步骤1

图5.22 六方轮廓加工步骤

⑤面加工。将加工好的第一表面置于死钳口并用圆棒顶住对面以保证精基准能完全贴合于死钳口，保证侧面可以垂直于上表面

(b) 步骤2

⑥面加工。翻转工件，使第一面仍然接触死钳口，第二面置于平口钳底侧，铣削第三面

(c) 步骤3

④面加工。将铣削完三个面分别置于死钳口、活钳口、底面，铣削第四面

(d) 步骤4

②面加工。将工件翻转第一个面置于死钳口，先将工件预紧。校正工件垂直度，校正后夹紧，铣削第五面。③面使用同样方法进行加工

(e) 步骤5、6

续图5.22

5. 去毛刺并检验

去毛刺并检验第一面尺寸，如图5.23所示。

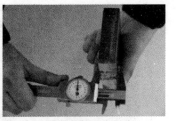

(a) 去毛刺　　　　　　　　(b) 检验第一面尺寸

图5.23　去毛刺并检验工件

5.5　加工注意事项

（1）MDI（MDA）手动输入操作、对刀练习前，机床应确认已回机床参考点。

（2）练习MDI（MDA）手动输入操作时不可随意运行快速移动等指令，以避免撞刀事故。

（3）手动（JOG）模式中，移动方向不能错，否则会损坏刀具、机床设备。

（4）对刀练习中，刀具接近工件侧面、上表面时，进给倍率应较小，一般为1%～2%，进给倍率过大会损坏刀具或机床设备。

（5）测试对刀时，应调小进给倍率，避免速度过快发生撞刀事故。

（6）对刀测试程序尽可能使用"G01 X0 Y0 Z20.0 F500"以避免对刀错误，引起撞刀事故。

第 **6** 章

外轮廓铣削

外轮廓铣削是数控铣削加工中最基本的，也是最常见的一种加工方式。下面以图6.1所示零件为例，为大家介绍一个典型的外轮廓铣削案例。

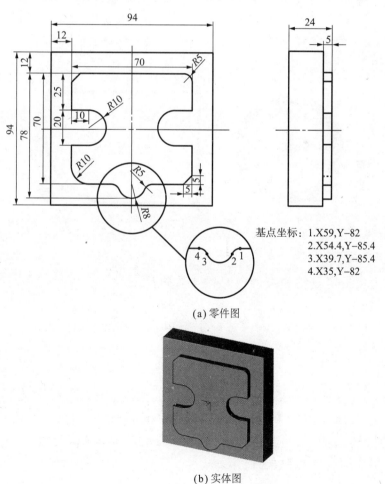

基点坐标：1.X59,Y−82
2.X54.4,Y−85.4
3.X39.7,Y−85.4
4.X35,Y−82

(a) 零件图

(b) 实体图

图6.1 加工零件

6.1　指令功能说明

6.1.1　圆弧插补指令（G02和G03）

1. G02指令

G02为按指定进给速度的顺时针圆弧插补。

指令格式：

G17 G02 X_ Y_ R_（或I_ J_）F_；　　　（*XY*平面圆弧）

G18 G02 X_ Z_ R_（或I_ K_）F_；　　　（*ZX*平面圆弧）

G19 G02 Y_ Z_ R_（或J_ K_）F_；　　　（*YZ*平面圆弧）

其中，X、Y、Z的值是指圆弧插补的终点坐标值；I、J、K是指圆弧起点到圆心的增量坐标，与G90，G91无关；R为指定圆弧半径，当圆弧的圆心角≤180°时，R值为正，当圆弧的圆心角＞180°时，R值为负。

G02指令的含义如图6.2所示。

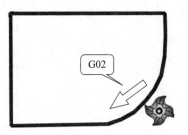

图6.2　G02指令

2. G03指令

G03为按指定进给速度的逆时针圆弧插补。

指令格式：

G17 G03 X_ Y_ R_（或I_ J_）F_；　　　（*XY*平面圆弧）

G18 G03 X_ Z_ R_（或I_ K_）F_；　　　（*ZX*平面圆弧）

G19 G03 Y_ Z_ R_（或J_ K_）F_；　　　（*YZ*平面圆弧）

其中，X、Y、Z的值是指圆弧插补的终点坐标值；I、J、K是指圆弧起点到圆心的增量坐标，与G90，G91无关；R为指定圆弧半径，当圆弧的圆心角≤180°时，R值为正，当圆弧的圆心角＞180°时，R值为负。

G03指令的含义如图6.3所示。

 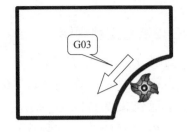

图6.3　G03指令

6.1.2　刀具半径补偿指令（G41和G42）

使刀具在所选择的平面内向左或向右偏置一个半径值，编程时只需按零件轮廓编程，不需要计算刀具中心运动轨迹，从而方便、简化计算和程序编制。

指令格式：

G00/G01 G41 D_ X_ Y_;　（在工件轮廓左边刀具补偿有效）

G00/G01 G42 D_ X_ Y_;　（在工件轮廓右边刀具补偿有效）

G40;　　　（取消刀具半径补偿，D刀具半径补偿存储器代码）

指令使用说明：只有在线性插补时（G00、G01）才可以进行G41/G42的选择。

编程两个坐标轴（比如在G17平面：X轴，Y轴）。如果你只给出一个坐标轴的尺寸，则第二个坐标轴自动地以在此之前最后编程的尺寸赋值（如前一句程序为G00 X–50 Y–50，后一句程序为G41 X–40 D1，这时Y坐标不变，为Y–50）。

刀具半径左补偿、右补偿方向判别方法：在补偿平面内，沿着刀具进给方向看刀具在轮廓左边，使用刀具左补偿指令G41，沿着刀具进给方向看刀具在轮廓右边，使用刀具右补偿指令G42，如图6.4所示。

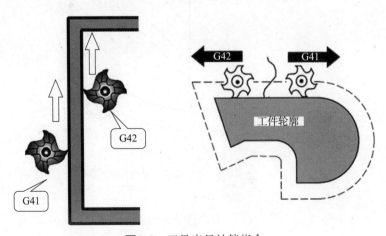

图6.4　刀具半径补偿指令

6.1.3 G41/G42指令使用说明

刀具补偿过程中运动轨迹可分为：建立刀具半径补偿、使用刀具半径补偿、撤销刀具半径补偿三个阶段，如图6.5所示，并且刀具半径补偿指令应指定所在的补偿平面（G17/G18/G19）。建立刀具半径补偿G41/G42程序段之后应紧接着是工件轮廓的第一个程序段（除M指令或在补偿的平面内没有位移的程序段）。

（1）建立补偿时，刀具以直线运动接近工件轮廓，并在轮廓起始点处与轨迹切向垂直。正确选择起始点，才能保证刀具运行时不发生碰撞。建立刀具半径补偿后的刀具轨迹如图6.5（a）和（b）所示。例如P_1点坐标为（20，10），执行刀具半径补偿指令N20 G01 G42 X20 Y10 D1，刀具中心轨迹并不是到达P_1点而是到达偏移后的点。

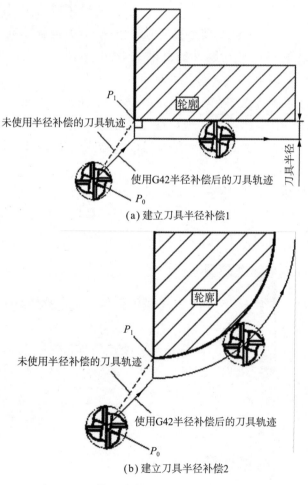

(a) 建立刀具半径补偿1

(b) 建立刀具半径补偿2

图6.5 使用半径补偿后的刀具轨迹

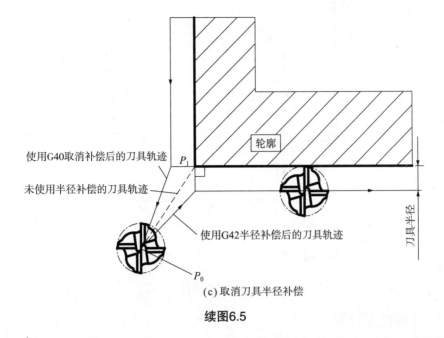

使用G40取消补偿后的刀具轨迹

未使用半径补偿的刀具轨迹

轮廓

P_1

使用G42半径补偿后的刀具轨迹

刀具半径

P_0

(c)取消刀具半径补偿

续图6.5

　　（2）使用刀具半径补偿，建立刀具半径补偿指令后，刀具在运行中始终按偏离一个刀具半径值进行移动。系统在进入补偿（G41/G42）状态时不得变换补偿平面（如从G17平面切换到G18平面），否则会发生报警。

　　（3）刀具半径补偿的取消，用G40取消刀具半径补偿，此状态也是编程开始所处的状态。只有在直线移动命令中才能取消补偿运行，否则只能取消补偿状态。取消刀具半径补偿时刀具中心轨迹如图6.5（c）所示。

6.2 数控加工前的准备工作

6.2.1 分析零件图

　　该任务材料为45钢，毛坯为前道工序加工完成的零件（下料，准备毛坯为前道工序，本次任务是轮廓铣加工）。其规格为94mm×94mm×24mm。加工采用"先粗后精"的原则，先粗铣后精铣。铣削外轮廓时切入、切出方式选择非常重要。铣削平面外轮廓零件时，一般采用立铣刀侧刃进行切削，由于主轴系统和刀具刚性变化，当铣刀沿工件轮廓切向切入工件时，也会在切入处产生刀痕。为了减少刀痕，切入、切出时可沿零件外轮廓曲线延长线的切线方向切入、切出工件。本例采用如图6.6所示的路径进行编程，请大家注意：在入刀和出刀时有一部分加工路线为重叠部分。

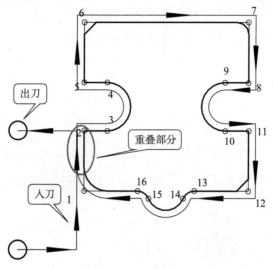

图6.6 加工路径

6.2.2 基点坐标计算

根据图6.7所示，我们把编程坐标系零点设置在工件的左上角。经计算各基点坐标如表6.1所示。

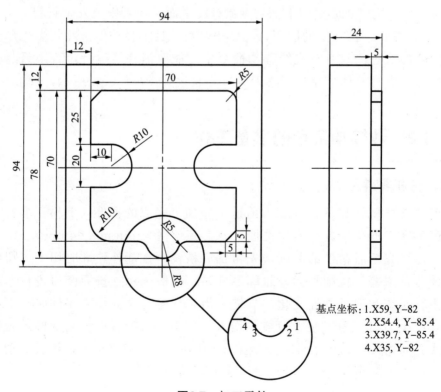

基点坐标: 1.X59, Y−82
2.X54.4, Y−85.4
3.X39.7, Y−85.4
4.X35, Y−82

图6.7 加工零件

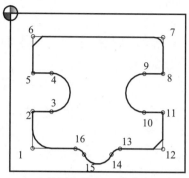

工件原点位于左上角位置

续图6.7

表6.1 基点坐标

基 点	坐标（X，Y）	基 点	坐标（X，Y）
1	X12.0，Y−82.0	9	X72.0，Y−37.0
2	X12.0，Y−57.0	10	X72.0，Y−57.0
3	X22.0，Y−57.0	11	X82.0，Y−57.0
4	X22.0，Y−37.0	12	X82.0，Y−82.0
5	X12.0，Y−37.0	13	X59.0，Y−82.0
6	X12.0，Y−12.0	14	X54.4，Y−85.4
7	X82.0，Y−12.0	15	X39.7，Y−85.4
8	X82.0，Y−37.0	16	X35.0，Y−82.0

6.2.3 工具、量具和夹具选择

本次加工使用的工具与第5章加工实例使用的工具相同，参见第5章。

6.2.4 刀具及切削用量选择

加工材料为45钢，粗铣背吃刀量除留精铣余量，一刀切完。切削速度可较高，具体内容见表6.2所示。

表6.2 刀具及切削用量选择

刀具号	图 示	工作内容	F/（mm/min）	a_p/mm	n/（r/min）
T01 ϕ8mm		粗铣外轮廓留精加工余量0.3mm	200	2	1000
T02 ϕ8mm		精铣外轮廓到尺寸	240	0.1	1200

6.2.5　数控编程

下面程序为粗加工外轮廓的参考程序，其他平面加工程序略。

程　序	注　释
O0001；	（程序名）
T01 M06；	（换刀 T01 号刀具）
G40 G80 G90 M03 S600 G54；	（取消刀具补偿，主轴正转，调入 G54 坐标系）
G00 X–14.0 Y–108.0 Z10M08；	（快速定位到 X–14，Y–108）
G00 Z2.0；	（快速定位至安全点）
G01 Z–5.0 F500；	（G01 方式下刀至 –5mm 深度）
G41 G01 X12.0 D1 F100；	（加入刀具半径补偿 D1）
Y–57.0；	（过 1 点，轮廓加工 → 2 点）
X22.0；	（轮廓加工 → 3）
G03 X22.0 Y–37.0 R10；	（轮廓加工 → 4）
G01 X12.0；	（轮廓加工 → 5）
Y–12.0,C5；	（轮廓加工 → 6）
X82.0,R5；	（轮廓加工 → 7）
Y–37.0；	（轮廓加工 → 8）
X72.0；	（轮廓加工 → 9）
G03 X72.0 Y–57.0 R10；	（轮廓加工 → 10）
G01 X82.0；	（轮廓加工 → 11）
Y–82.0,C5；	（轮廓加工 → 12）
X59 Y–85.4；	（轮廓加工 → 13）
G03 X54.4 Y–85.4 R5；	（轮廓加工 → 14）
G02 X39.7 Y–85.4 R8；	（轮廓加工 → 15）
G03 X35 Y–82.0 R5；	（轮廓加工 → 16）
G01 X12.0,R10；	（轮廓加工 → 1）
Y–57.0；	（轮廓加工 → 2）
G40 G01 X–14.0；	（取消刀具补偿并出刀）
G00 Z100.0 M05；	（刀具抬刀）
M09；	（切削液关闭）
M30；	（程序停止）

为了方便大家学习和理解数控编程，笔者特别地把程序段内容和刀具轨迹路线一一对应起来，如表6.3所示。

表6.3 图解加工程序

程 序	注 释
O0001；	程序名
T01 M06；	换刀T01号刀具
G40 G80 G90 M03 S600 G54；	取消刀具补偿，主轴正转，调入G54坐标系
G00 X–14.0 Y–108.0 Z10.0 M08；	快速定位到X–14，Y–108
G00 Z2.0；	快速定位至安全点
G01 Z–5.0 F500；	G01 方式下刀至–5mm深度
G41 G01 X12.0 D1 F100；	加入刀具半径补偿D1

程　序	注　释
Y−57.0；	轮廓切削
X22.0； G03 X22.0 Y−37.0 R10； G01 X12.0；	轮廓切削
Y−12.0,C5； X82.0,R5； Y−37.0；	轮廓切削
X72.0； G03 X72.0 Y−57.0 R10； G01 X82.0；	轮廓切削
Y−82.0,C5； X59.0 Y−85.4；	轮廓切削

续表6.3

程　序	注　释
G03 X54.4 Y−85.4 R5；	轮廓切削
G02 X39.7 Y−85.4 R8；	
G03 X35.0 Y−82.0 R5；	
G01 X12.0,R10；	
Y−57.0；	轮廓切削
G40 G01 X−14.0；	取消刀具补偿，出刀
G00 Z100.0 M05；	刀具抬起
M09；	切削液关闭
M30；	程序停止

6.3 数控加工实施

1. 装夹工件并找正

检查毛坯尺寸，根据工件的大小和加工需求，确定选择怎样的毛坯并测量工件毛坯尺寸，如图6.8所示。

 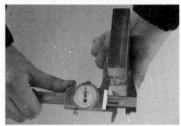

图6.8 检查毛坯尺寸

工件装夹：平口钳装夹在铣床工作台上，用百分表校正。工件装夹在平口钳上，底部用等高垫块垫起，并伸出钳口6～10mm。用铜棒将工件轻轻敲平，敲至垫铁手推不动为止。具体内容参见第5章。

2. 确定工件坐标系并对刀

从零件图中可以看出，该工件形状较为简单，易于数控编程，工件坐标系原点取在工件左上角上表面顶点处，刀具加工起点选在距工件上表面10mm处，如图6.9所示。

X、Y方向采用寻边器对刀法，将机床坐标系原点偏置到工件坐标系原

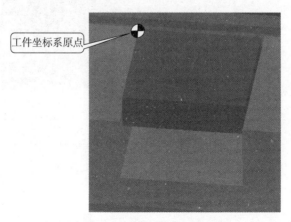

工件坐标系原点

图6.9 工件坐标系原点的位置

点上，通过对刀操作得到 X、Y 偏置值输入到 G54 坐标系中，在 G54 坐标系中 Z 坐标输入 0。具体详细步骤见本书第 4 章单边对刀步骤。

3. 装刀并确定刀具半径补偿和刀具长度补偿

安装 ϕ8mm 立铣刀，按下编程面板中"OFFSET"键，把 D1 值改为 4.1mm，轮廓单侧余量为 0.1mm，如图 6.10 所示。

(a) 粗加工刀具半径补偿设置

(b) 精加工刀具半径补偿设置

图6.10 确定刀具半径补偿值

采用量块法进行高度补偿，测量刀具的刀尖从参考点到工件上表面的 Z 坐标值输入到 G54 坐标系中，在加工时调用。

4. 编程及加工

调入前面编辑好的程序，将操作按钮置于自动执行状态，按下开始键进行加工，如图 6.11 所示。

5. 去毛刺并检验

去毛刺并检验工件的长度尺寸，如图 6.12 所示。

(a) 粗铣完成换刀

(b) 将粗铣刀换下, 换上精铣刀对刀

图6.11　加工工件

图6.12　去毛刺并检验尺寸

6. 加工注意事项

使用刀具半径补偿指令加工内、外轮廓和内角时, 常出现以下几种临界加工情况引起的过切现象。

（1）轮廓过渡时轮廓位移小于刀具半径（$B<R$）产生的过切, 如图6.13所示。

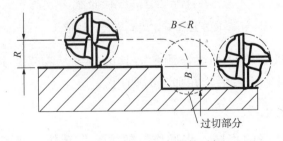

图6.13　（$B<R$）产生的过切

（2）凹槽宽度小于铣刀直径时（$B<2R$）产生的过切, 如图6.14所示。

（3）内轮廓加工, 当铣刀半径大于内轮廓圆弧半径时产生的过切, 如图6.15所示。

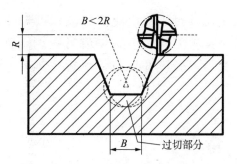

图6.14 （$B<2R$）产生的过切

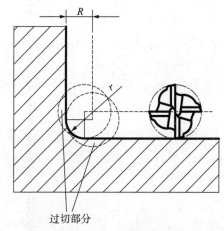

图6.15 铣刀半径大于内轮廓圆弧半径时产生的过切

以上几种情况，一般数控系统都会发出报警信息，必须更改轮廓参数或铣刀半径才能消除报警。

7. 零件尺寸控制

加工时，先用ϕ10mm键槽铣刀进行粗加工，然后用ϕ8mm立铣刀进行精加工。因粗、精加工轮廓子程序相同，故粗加工轮廓时把机床中刀具半径补偿值设置为4.1mm，轮廓留0.1mm精加工余量，深度方向不留精加工余量，由程序控制。用立铣刀精加工时，机床中刀具半径补偿值先设置为4.1mm，运行完精加工程序后，根据轮廓实际测量的尺寸再修改机床中刀具半径补偿值，然后重新运行精加工程序，以保证轮廓尺寸符合图纸要求，具体做法如下：

若第一次运行精加工程序后，用游标卡尺测得轮廓70+0.2的实际尺寸为70.2mm，比图纸要求尺寸还大0.2mm，单边大0.1mm，则机床中刀具半径补偿值应修改为4.1－0.1=4mm，然后重新运行精加工程序进行精加工，即可保证轮廓尺寸符合图纸尺寸要求。

此案例中对于深度尺寸可以一次完成，如深度尺寸精度较高也需要用类似方法进行控制，通过设置刀具长度补偿值第一次精加工程序运行后，测量实际深度尺寸，再修改刀具长度补偿值，然后重新运行精加工程序以保证深度尺寸。

6.4　加工注意事项

（1）编程时采用刀具半径补偿指令，加工前应设置好机床中半径补偿值，否则刀具将不按半径补偿加工。

（2）首件加工都是采用"试测法"控制轮廓及深度尺寸，故加工时应及时测量工件尺寸和修改数控机床中刀具半径补偿、刀具长度补偿等参数，首件加工合格后，就不需调整机床中刀具半径补偿、长度补偿等参数，除非刀具在加工过程中磨损。

（3）为保证工件轮廓表面质量，最终轮廓应安排在最后一次走刀中连续加工完成。

（4）尽量避免切削过程中途停顿，减少因切削力突然变化造成弹性变形而留下的刀痕。

（5）平面外轮廓粗加工时，通常采用由外向内逐渐接近工件轮廓铣削的方式进行，并可采取通过改变刀具半径补偿值的方法实现。

（6）铣削平面外轮廓时尽量采用顺铣方式，以提高表面质量。

（7）工件装夹在平口钳上应校平上表面，否则深度尺寸不易控制；也可在对刀前（或程序中）用盘铣刀铣平上表面。

第 **7** 章

内轮廓铣削

前面我们介绍了外轮廓的铣削，在数控加工的轮廓类型中，除了外轮廓那就是内轮廓了（包括台阶或沟槽），下面我们介绍内轮廓的加工方法。内轮廓铣削是除外轮廓之外，在数控铣削加工中最基本、最常见的一种加工类型。图7.1所示就是一个典型的内轮廓铣削零件。

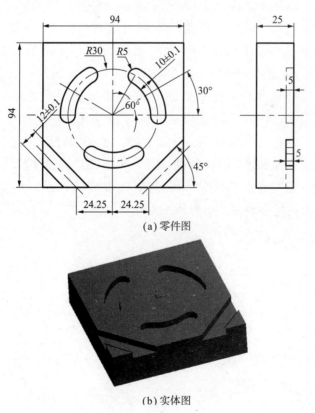

(a) 零件图

(b) 实体图

图7.1 加工零件

7.1　指令功能说明

7.1.1　坐标系旋转指令（G68和G69）

该指令可使编程图形按照指定旋转中心及旋转方向旋转一定的角度，G68表示开始坐标系旋转，G69用于撤消旋转功能。

指令格式：

G68　X__ Y__ R__;　（以X、Y坐标为旋转中心，R为旋转角度的编程图形进行旋转）

…

G69;　（取消坐标系旋转指令，单独作为一个程序段使用）

其中，X、Y是旋转中心的坐标值（可以是X、Y、Z中的任意两个，它们由当前平面选择指令G17、G18、G19中的一个确定）。当X、Y省略时，G68指令认为当前的位置即为旋转中心。R后面是旋转角度，单位为度（°），逆时针旋转方向为正方向，顺时针旋转方向为负方向。

当程序在绝对方式下时，G68程序段后的第一个程序段必须使用绝对方式移动指令，才能确定旋转中心。如图7.2所示，旋转中心在X0，Y0位置，以旋转前轮廓为加工样板铣削旋转后轮廓，旋转前尺寸轮廓非常容易确定，但旋转后尺寸轮廓难以确定，所以，我们可以采用G68坐标系旋转指令。

在加工之前我们写入G68 X0 Y0 R45，然后按A轮廓进行编程，我们实际加工所得到的就是B轮廓。G68和G69是模态指令，可相互注销。在程序结束之后，记得一定要使用G69指令取消坐标系旋转，因为如果不取消的话，后面所有程序的坐标系将旋转45°来执行。

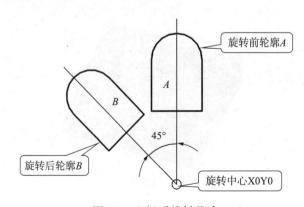

图7.2　坐标系旋转指令

7.1.2 坐标系镜像指令（G51.1和G50.1）

当工件相对于某一轴具有对称形状时，可以利用镜像功能和子程序，只对工件的一部分进行编程，就能够加工出工件的对称部分，这就是镜像的功能。G51.1指令为建立镜像指令，G50.1指令为取消镜像指令。

指令格式：

G51.1 X__Y__ ;　　　　　　（设置可编程镜像）

...

G50.1 X__Y__ ;　　　　　　（取消可编程镜像）

其中X、Y的值是指定镜像位置的坐标值。

镜像指令和旋转指令一样，都属于简化编程指令，可对工件的一部分进行编程，加工出工件对称的部分。当某一轴的镜像有效时，该轴执行与编程方向相反的运动。如图7.3所示，如果根据原轮廓①想要得到轮廓②、③、④是不是非常麻烦？因为我们需要进行三次轮廓编程，那么，可不可以只根据轮廓①就得到轮廓②、③、④呢？答案是肯定的。我们可以采用G51.1指令建立镜像坐标系。例如，已知轮廓①，在加工轮廓②之前加入程序段"G51.1 Y0"来建立坐标系镜像，镜像结束后采用G50.1指令取消镜像。

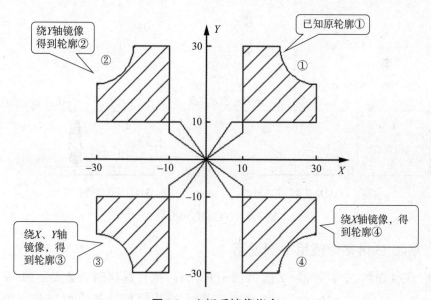

图7.3 坐标系镜像指令

7.1.3 刀具长度补偿指令（G43和G44）

我们加工一个零件时，有可能会使用很多种刀具，设置刀具长度补偿功能，可以在当实际使用刀具与编程时估计的刀具长度有差异时，或刀具磨损后刀具长度变短时，不需要重新改动程序或重新进行对刀调整，仅只需改变刀具数据库中刀具长度补偿量即可进行加工，可方便操作，提高工作效率。

指令格式：

G43 H＿＿Z＿＿；　　　　　　（刀具长度正补偿）

G44 H＿＿Z＿＿；　　　　　　（刀具长度负补偿）

G49；　　　　　　　　　　　（刀具长度取消功能）

其中，Z为刀具长度补偿指令执行完成时，刀具在Z方向的终点坐标。H为刀具长度补偿偏置号。

编程时假定的理想刀具长度与实际使用的刀具长度之差作为偏置设定在偏置存储器H01～H99中。在实际使用的刀具选定后，将其与编程刀具长度的差值事先在偏置寄存器中设定，就可以实现用实际选定的刀具进行正确的加工，而不必对加工程序进行修改。

一般将编程坐标系设定在工件的上表面，所以在使用G44指令编程时，刀具移动后位于工件的下方，很不安全，容易造成事故，因此，一般采用G43长度补偿指令来进行编程。

G43和G44指令的含义说明如图7.4所示。

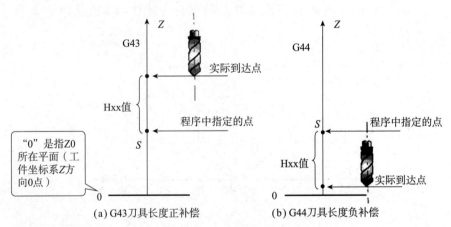

(a) G43刀具长度正补偿　　　　　　　(b) G44刀具长度负补偿

图7.4　G43和G44指令

7.1.4　G43/G44指令使用举例说明

执行G43时，Z实际值=Z指令值+(Hxx)；执行G44时，Z实际值=Z指令值-(Hxx)。其中，(Hxx)是指xx寄存器中的补偿量，其值可以是正值或者是负值。当刀具长度补偿量取负值时，G43和G44的功效将互换。

刀具长度补偿指令通常用在下刀及提刀的直线段程序G00或G01中，使用多把刀具时，通常是每一把刀具对应一个刀具长度补偿偏置号，下刀时使用G43或G44指令，该刀具加工结束后提刀时使用G49指令取消长度补偿。

G43和G44指令的应用示例如图7.5所示。

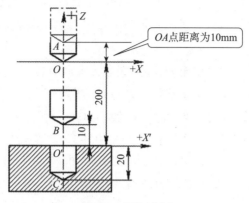

图7.5 程序示例

假设使用G43指令设置刀具长度正补偿，其中G54坐标系中Z值为0，则程序如下：

程　序	注　释
...	
H02=−200	（设定刀具长度补偿寄存器中H值，见图7.6）
N1 G54 X0 Y0 Z0	（设定当前点 O 为程序零点）
N2 G00 G43 Z10.0 H02	（Z实际值 =10+（−200）=−190，指定点 A，实际到点 B）
N3 G01 Z−20.0	（Z实际值 =−20+（−200）=−220，实际到点 C）
N4 Z10.0	（Z实际值 =10+（−200）=−190，实际返回点 B）
N5 G00 G49 Z0	（G49指令取消刀具长度正补偿指令G43，实际返回点 O）
...	

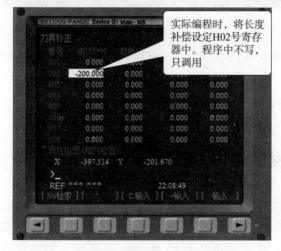

图7.6

　　假设使用G44指令设置刀具长度负补偿，其中G54坐标系中Z值为0，则程序如下：

程　　序	注　　释
…	
H02=200	（设定刀具长度补偿寄存器中 H 值，见图 7.7）
N1 G54 X0 Y0 Z0	（设定当前点 O 为程序零点）
N2 G00 G44 Z10.0 H02	（Z 实际值 =10−200=−190，指定点 A，实到点 B）
N3 G01 Z−20.0	（Z 实际值 =−20−200=−220，实际到点 C）
N4 Z10.0	（Z 实际值 =10−200=−190，实际返回点 B）
N5 G00 G49 Z0	（G49 指令取消刀具长度正补偿指令 G43，实际返回点 O）
…	

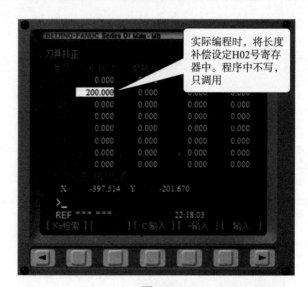

图7.7

　　从上述程序例中可以看出，使用G43、G44相当于平移了Z轴原点，即将坐标原点 O 平移到了 O' 点处，后续程序中的Z坐标均相对于 O' 进行计算。使用G49时则又将Z轴原点平移回到了 O 点。

7.2　子程序调用M98及说明

　　在编制加工程序中，有时会遇到一组程序段在一个程序中多次出现，或者几个程序中都要使用它，可以把这类程序制作成固定程序，并单独加以命名，事先存储起来，这组程序段就称为子程序。子程序可以在存储器方式下调出使用，主程序可以调用子程序，一个子程序也可以调用下一级的子程序，子程序执行完后，返回到主程序中，调用子程序后面的下一句程序段运行。如图7.8所示，图中零件有4个形状相同的轮廓需要加工，这时，可以编制其中一个轮廓的加工程序为子程序。在主程序中，编制其他轮廓的加工程序时，调用已编制好的子程序，这样不仅缩短了主程序的长度，而且也减轻了编程人员的工作量，提高了工作效率。

子程序调用格式如下。

图7.8　子程序调用

1. 格式1

    M98 P_ _ _ _ L_ _ _ _;
    …
    M99;

P后面的四位数字为子程序号，L后面的数字表示重复调用次数，且P、L后面的四位数中前面的0可以省略不写。如只调用一次，则L及后面的数字可省略。M99子程序结束返回主程序。例如：

    M98 P100;　　　　（表示调用子程序100，调用次数是1次）
    M98 P100 L5;　　　（表示调用子程序100，调用次数是5次）

2. 格式2

    M98 P_ _ _ _ _ _ _ _;
    …
    M99;

地址P后面的八位数中，前四位表示调用次数，后四位表示子程序号，调用次数前的0可以省略不写，但子程序号前的0不可省略。M99子程序结束返回主程序。例如：

M98　P50010；　　　　　（表示调用子程序10，调用次数是5次）

M98　P0500；　　　　　（表示调用子程序500，调用次数是1次）

注意：一般主程序用绝对坐标G90编程；子程序用相对坐标G91编程；子程序的格式与主程序相似，区别在于程序结束使用M99从子程序返回主程序；子程序一般可嵌套用4层，且主程序号＜子程序号；一般返回主程序后应再出现一个G90以把子程序中的G91模式再转换回来；再有由于G90、G91的互换作用，所以G41刀具补偿之后尽量不出现M98指令。

7.3　数控加工前准备工作

7.3.1　分析零件图

该任务材料为45钢，其规格为94mm×94mm×25mm。其中包括三个腰形槽、两个对称方槽。加工采用"先粗后精"的原则，先粗铣、后精铣。先铣削三个腰形槽，采用子程序的方法编制其中一个（1#轮廓），再采用坐标系旋转的方法旋转120°，加工另外两个腰形槽（2#和3#）。然后，编写第一个方槽加工程序，并且采用坐标系镜像的方法，加工第二个方槽，以提高编程效率。整个铣削过程采用两把刀进行加工，其中用到刀具半径补偿指令自动加工。全部采用顺铣的方法进行铣削。坐标系原点设定为工件中心位置，以便于编程，如图7.9所示。

7.3.2　铣削方向及铣削路线的确定

铣刀沿工件轮廓逆时针方向铣削，考虑工件的腰形槽的公差范围较大，所以不采用刀具半径补偿指令进行铣削，而是直接采用ϕ10mm键槽铣刀铣削。刀具铣削时采用斜向入刀法进行铣削，如图7.10所示。

7.3.3　基点坐标计算

基点坐标的计算方法有很多种，包括数学法、公式法、计算机辅助法等。现在经常使用计算机辅助方法来进行基点坐标计算。本书中关于基点坐标计算主要是采用计算机辅助方法来进行的，具体操作本书不详细叙述，读者可参照AutoCAD或者其他CAD制图软件快速求得基点坐标。

经计算后的基点坐标如表7.1所示。

7.3.4　工具、量具和夹具选择

本例加工中使用的工具、量具和夹具与前面章节使用的相同，详细内容

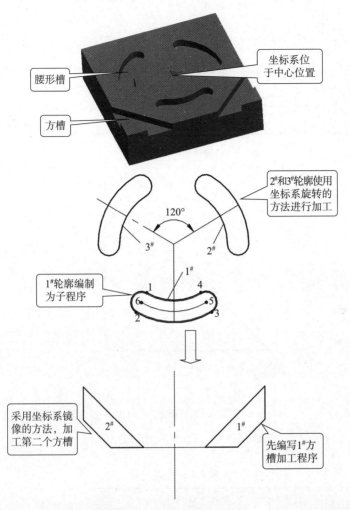

图7.9 工件坐标系的位置

参见第5章。

7.3.5 刀具及切削用量选择

加工材料为45钢，粗铣每刀的切削深度较小，所以，可以相应地提高切削速度。精加工时主要任务是保证零件的尺寸精度，所以，选择切削速度较慢一些。具体内容见表7.2。

7.3.6 数控编程

1. 腰形槽参考程序

下面程序为加工腰形槽的参考程序。

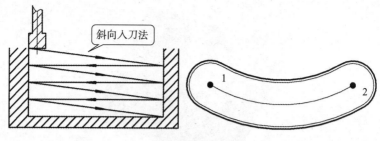

(a) 腰形槽加工刀具轨迹

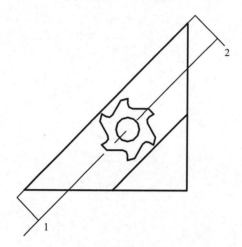

(b) 方形槽走刀路线

图7.10　刀具加工轨迹和走刀路线

表7.1　基点坐标

加工形状	基　点	坐标（X，Y）	图　　示
腰形槽	1	X–15.000，Y–25.981	
	2	X15.000，Y–25.981	
方　槽	1	X18.59，Y–52.66	
	2	X52.66，Y–18.59	

表7.2 刀具及切削用量

刀具号	刀 具	工作内容	f/(mm/min)	a_p/mm	n/(r/min)
T01 ϕ10mm 键槽刀		粗铣外轮廓留精加工余量0.2mm	200	0.5	1200
T02 ϕ12mm 立铣刀		精铣外轮廓到尺寸	100	0.1	1000

程 序	注 释
O0001 ;	（主程序名）
T01 M06 ;	（换刀 T01 号刀具）
G40 G80 G90 M03 S600 G54 ;	（取消刀具补偿，主轴正转，调入 G54 坐标系）
G00 X15.0 Y–25.981 Z10.0 ;	（快速定位到 X15，Y–25.981，Z10）
Z2.0 ;	（快速定位到 Z2.0 点）
M98 P0003 ;	（加工第一个槽）
G68 X0 Y0 R120 ;	（坐标系旋转 120°）
M98 P0003 ;	（加工第二个槽）
G69 ;	（取消坐标系旋转）
G68 X0 Y0 R240 ;	（坐标系旋转 240°）
M98 P0003 ;	（加工第三个槽）
G69 ;	（取消坐标系旋转）
M30 ;	（程序结束）

下面是加工腰形槽参考程序的子程序内容。

程 序	注 释
O0003 ;	（子程序名）
G0 X15.0 Y–25.981 ;	（定位至 2 点）
Z2.0 ;	（快速定位于安全点 Z2.0）
G01 Z0 F200 ;	（直线下刀）
G02 X–15.0 Y–25.981 Z–1.0 R30 ;	（圆弧铣削斜向入刀至 1 点，深度为 1mm）
G03 X15.0 Y–25.981 R30 ;	（圆弧铣至 2 点，深度为 1mm）
G02 X–15.0 Y–25.981 Z–2.0 R30 ;	（圆弧铣削斜向入刀至 1 点，深度为 2mm）

程 序	注 释
G03 X15.0 Y−25.981 R30 ；	（圆弧铣至 2 点，深度为 2mm）
G02 X−15.0 Y−25.981 Z−3.0 R30 ；	（圆弧铣削斜向入刀至 1 点，深度为 3mm）
G03 X15.0 Y−25.981 R30 ；	（圆弧铣至 2 点，深度为 3mm）
G02 X−15.0 Y−25.981 Z−4.0 R30 ；	（圆弧铣削斜向入刀至 1 点，深度为 4mm）
G03 X15.0 Y−25.981 R30 ；	（圆弧铣至 2 点，深度为 4mm）
G02 X−15.0 Y−25.981 Z−5.0 R30 ；	（圆弧铣削斜向入刀至 1 点，深度为 5mm）
G03 X15.0 Y−25.981 R30 ；	（圆弧铣至 2 点，深度为 5mm）
G00 Z2.0 ；	（快速定位至 Z2）
M99 ；	（子程序结束）

为方便读者学习，笔者特别地把主程序段的内容和刀具轨迹路线一一对应起来，如表7.3所示。

表7.3 图解加工程序

程 序	注 释
O0001；	主程序名
T01 M06；	换刀T01号刀具
G40 G80 G90 M03 S600 G54；	取消刀具补偿，主轴正转，调入G54坐标系
G43 H1 Z100.0；	建立高度补偿
G00 X15.0 Y−25.981 Z10.0； Z2.0；	快速定位到X15，Y−25.981，Z2
M98 P0003；	加工第一个槽
G68 X0 Y0 R120； M98 P0003； G69；	加工第二个槽

续表7.3

程 序	注 释
G68 X0 Y0 R240；	
M98 P0003；	
G69；	加工第三个槽
M30；	程序结束

2. 方形槽参考程序

下面程序为加工方槽的参考程序。

程 序	注 释
O0002；	（主程序名）
T02 M06；	（换刀 T02 号刀具）
G40 G80 G90 M03 S600 G00 G54；	（取消刀具补偿，主轴正转，调入 G54 坐标系）
G43 H2 Z100.0；	（设置高度补偿，快速定位至 Z100 位置）
G00 X18.59 Y−52.66 Z10.0；	（快速定位到 X18.59，Y−52.66，Z10.0）
Z2.0；	（快速定位至 Z2.0 位置）
M98 P0004；	（加工右面槽）
G51.1 Y0；	（设置镜像指令有效）
M98 P0004；	（加工左面槽）
G50.1；	（取消镜像指令）
M30；	（程序结束）

下面是加工方槽的参考程序的子程序内容。

程 序	注 释
O0004；	（子程序名）
G00 X18.59 Y−52.66；	（快速定位至 1 点）
Z2.0；	（快速定位至安全点 Z2.0）
G01 Z−2.5 F500；	（直线下刀至 2.5mm 深度）
G01 X52.66 Y−18.59；	（轮廓铣削至 2 点）
Z−5.0；	（下刀至 5mm 深度）
G01 X18.59 Y−52.66；	（轮廓铣削至 1 点）
G00 Z2.0；	（快速定位至 Z2.0 点）
M99；	（子程序结束）

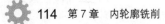

加工方形槽的参考程序的刀具轨迹如表7.4所示。

表7.4　图解加工程序

程　序	注　释
O0002；	主程序名
T02 M06；	换刀T02号刀具
G40 G80 G90 M03 S600 G00 G54；	取消刀具补偿，主轴正转，调入G54坐标系
G43 H2 Z100.0；	建立高度补偿
G00 X18.59 Y−52.66 Z10.0；	快速定位到X18.59，Y−52.66，Z10.0
Z2.0；	
M98 P0004；	
G51.1 Y0； M98 P0004； G50.1；	
M30；	程序结束

7.4　数控加工实施

7.4.1　装夹工件并找正

检查毛坯尺寸。根据工件的大小和加工需求，确定毛坯的尺寸并进行测量。装夹工件和测量方法与前面章节是一样的，具体操作步骤可参照第5章。

7.4.2　对刀（确定工件坐标系）

从零件图中可以看出，该工件所有尺寸都是以工件的中心作为基准，所以，在工件中心位置设置工件坐标系，易于数控编程，如图7.11所示。

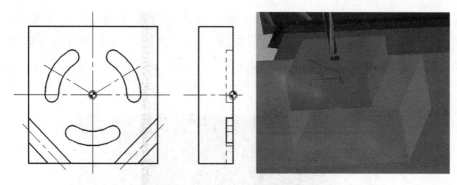

图7.11 工件坐标系的位置

X、Y方向采用百分表对刀法，将机床坐标系原点偏置到工件坐标系原点上，通过对刀操作得到X、Y偏置值输入到G54坐标系中，G54坐标系中Z坐标输入0。具体详细步骤见本书第4章单边对刀的操作步骤。

7.4.3 装刀并确定刀具长度补偿

分别安装直径ϕ10mm、ϕ12mm的立铣刀在T01和T02的刀位上，刀具补偿设置到编程面板OFFSET（参数）中刀具高度补偿寄存器对应的H01和H02号参数中，如图7.12所示。

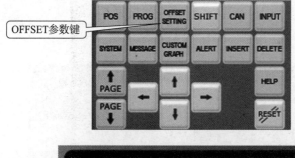

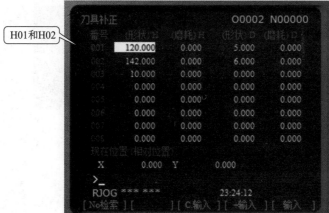

图7.12 设置刀具补偿

注意：这时G54坐标系中Z坐标为0，因为这时调用的每一把刀都是绝对长度（因为如果G54坐标中Z坐标有数值，刀具补偿将参考G54坐标系中Z值累计计算，本书中为了考虑到初学者对于G43和G44高度补偿的理解，故将G54坐标系Z值设置为0以便理解和计算），G43即时生效，如图7.13所示。

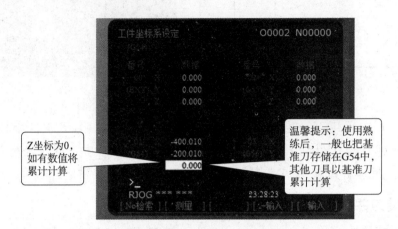

图7.13　G54坐标系中的Z坐标

7.4.4　编程及加工

调入前面编辑好的程序O0001、O0003分别加工腰形槽和方形槽，将操作按钮置于自动执行状态，按开始键进行加工。

粗铣完成进行换刀操作如图7.14所示。

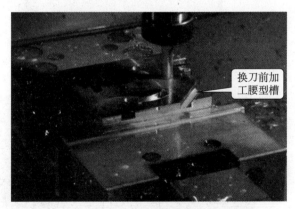

(a)加工腰形槽

图7.14　换刀操作

换刀后，准备加工方槽

(b) 加工方槽

续图7.14

7.4.5 检验（去毛刺）

检验工件后将工件拆下并去除毛刺，如图7.15所示。

加工完成后的工件

图7.15 去毛刺并检验工件

第 **8** 章

数控铣削孔零件工艺基础

孔是箱体、支架、套筒、环、盘类零件上的重要表面，也是机械加工中经常遇到的表面。

8.1 孔的种类

在盘类和箱体类零件中常见的有通孔、盲孔、螺纹孔和沉孔等，如图8.1所示，因此在数控铣削加工中经常会遇到需要进行孔加工的零件。加工方法也是多种多样的，有点孔、钻孔、扩孔、铰孔、镗孔、锪孔、攻螺纹孔等孔加工工艺。采用哪种加工工艺及方法主要取决于孔的用途、精度等因素。

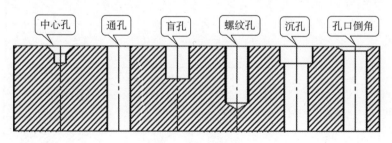

中心孔　通孔　盲孔　螺纹孔　沉孔　孔口倒角

图8.1　孔的种类

8.1.1 按孔的深浅分类

按孔的深浅可以分为浅孔和深孔两种类型。

当长径比（L/D，孔深/孔径之比）小于5时为浅孔，大于等于5时为深孔，如图8.2所示。浅孔加工可一次完成钻削加工，但深孔加工因排屑和冷却困难，所以钻削时应注意断屑和排屑问题，循序地进行加工。

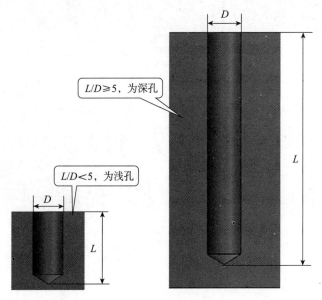

图8.2 浅孔和深孔

8.1.2 按工艺用途分类

按工艺用途来分类，孔有以下几种，其特点及常用加工方法见表8.1。

表8.1 孔按工艺用途分类及其常用加工方法

种 类	特点加工方法	图 解
中心孔	定心作用，钻孔（中心孔）	
通 孔	常见为"过孔"，用途较多	
螺栓孔	孔径大小不一，精度较低；钻孔、扩孔、攻螺纹/铣螺纹	
定位孔	孔径较小，精度较高，表面质量高；钻孔+扩孔+铰孔	

续表8.1

种 类	特点加工方法	图 解
沉头孔	精度较低；锪孔、铣孔	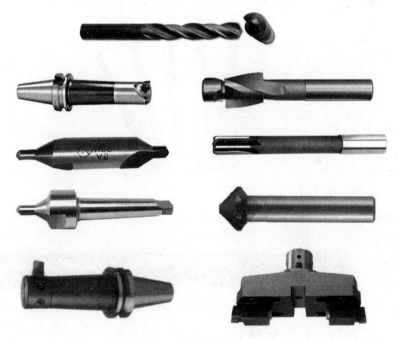

8.2 常见孔加工刀具及方法

常见孔加工的方法包括：钻孔、扩孔、铰孔、镗孔、铣孔、锪孔等。有些工艺孔是由毛坯铸造出来的。常用孔加工的刀具如图8.3所示。

图8.3 常用孔加工的刀具

8.2.1 常见的孔加工刀具

1. 中心钻

中心钻主要用于钻中心孔，起到定位作用，如图8.4所示。一般在孔加工的第一道工序均为钻中心孔，以保证孔之间的中心距的精度及孔的轴线与平面的垂直精度。

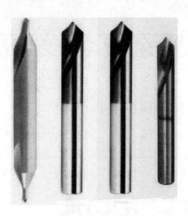

图8.4 中心钻

2. 麻花钻

麻花钻主要用于钻孔和扩孔等加工，如图8.5所示。

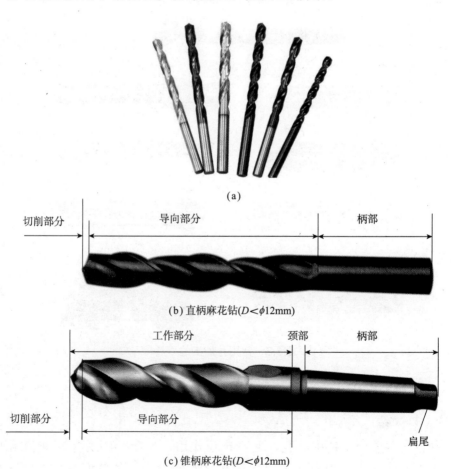

(a)

切削部分 | 导向部分 | 柄部

(b) 直柄麻花钻($D < \phi12\text{mm}$)

工作部分 | 颈部 | 柄部

切削部分 | 导向部分

扁尾

(c) 锥柄麻花钻($D < \phi12\text{mm}$)

图8.5 麻花钻

3. 铰 刀

铰刀主要用于铰孔，如图8.6所示。

图8.6 铰 刀

4. 镗 刀

镗刀主要用于要求精度较高的孔精加工，如图8.7所示。

图8.7 镗 刀

8.2.2 常见的孔加工方法

1. 钻 孔

在工件的实体部位加工孔的工艺过程为钻孔，常用刀具为麻花钻，如图8.8所示。图8.9所示为钻孔常用工具"钻夹头"。钻孔的加工工艺特点如图8.10所示。

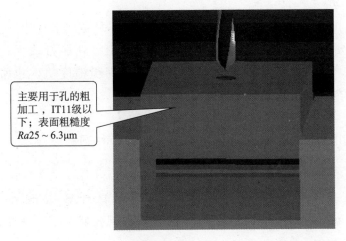

主要用于孔的粗加工，IT11级以下；表面粗糙度$Ra25 \sim 6.3\mu m$

图8.8 钻 孔

图8.9　钻孔常用工具"钻夹头"

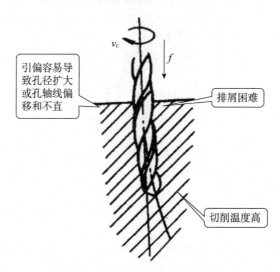

图8.10　钻孔的加工工艺特点

2. 扩　孔

扩孔是孔的半精加工方法，对技术要求不太高的孔，扩孔可作为终加工；对精度要求高的孔，常作为铰孔前的预加工。在成批或大量生产时，为提高钻削孔、铸锻孔或冲压孔的精度和降低表面粗糙度值，也常使用扩孔钻扩孔。扩孔的加工工艺特点如图8.11所示。

3. 铰　孔

铰孔是用铰刀对已有孔进行精加工的过程，如图8.12所示。

4. 镗　孔

利用镗刀对已有的孔进行加工，对于直径较大的孔（一般 $D > \phi 80 \sim 100$ mm）、内成形面或孔内环槽等，镗削是唯一合适的加工方法，如图8.13所示。

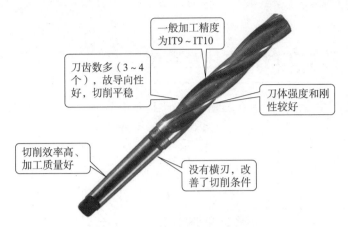

一般加工精度
为IT9～IT10

刀齿数多（3～4
个），故导向性
好，切削平稳

刀体强度和刚
性较好

切削效率高、
加工质量好

没有横刃，改
善了切削条件

图8.11 扩孔的加工工艺特点

用于中、小尺寸孔的半
精加工和精加工，IT6～
IT8级；表面粗糙度为
Ra1.6～0.4μm

图8.12 铰孔的特点

镗孔加工精度为
IT7～IT8，表面
粗糙度Ra值为
0.8～0.1μm

图8.13 镗孔的特点

8.3 孔加工时操作注意事项

（1）毛坯装夹时，要考虑垫铁与加工部位是否干涉，如图8.14所示。

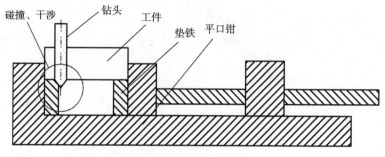

图8.14 毛坯装夹

（2）钻孔加工前，要先钻中心孔，保证麻花钻起钻时不会偏心，如图8.15所示。

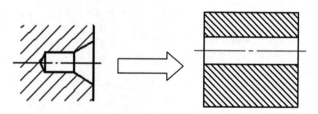

图8.15 钻中心孔

（3）一般情况下，孔加工图纸上标注为钻头实际有效深度，故编程时应计算钻头的顶点实际应加工的深度，如图8.16所示。

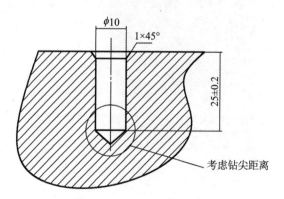

图8.16 钻孔实际有效深度

（4）通常直径大于φ30mm的孔应在普通机床上完成粗加工，留4～6mm余量（直径方向），再由数控铣床（加工中心）进行精加工；而小于φ30mm的孔可以直接在数控铣床（加工中心）上完成粗、精加工，如图8.17所示。

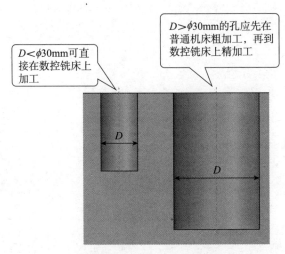

图8.17 孔径大小与加工方式

第 **9** 章

点钻孔加工

一般来说，编写孔加工程序的步骤比较简单。为什么这样说呢？因为编程时，只需给出孔心的坐标值和刀具在孔心的运动形式就可以了，使用一个程序段就可以完成一个孔加工的全部动作。

由于有许多孔加工的固定循环程序可以调用，所以极大地缩短了编程时间和程序的长度。

下面我们以图9.1所示的工件为例，来讲解加工点钻孔的编程方法。

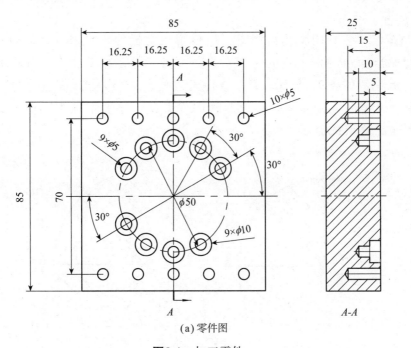

(a) 零件图

图9.1 加工零件

(b) 实体图

续图9.1

9.1 G代码功能指令

9.1.1 极坐标编程指令（G16/G15）

1. 指令介绍

G16/G15指令用于把编程终点位置用极坐标的形式来表示，即以极坐标半径和极坐标角度来定点的位置。G16为极坐标系生效指令，G15为极坐标系取消指令。如图9.2所示，B点坐标可以使用X_Y_方式编程，也可以使用G16指令极坐标方式编程，采取何种编程方式，主要取决于哪种方式使编程过程更加简便、快捷。

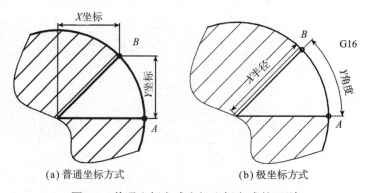

(a) 普通坐标方式   (b) 极坐标方式

图9.2 普通坐标方式和极坐标方式的区别

指令格式：

    G16 X_Y_   （X为极半径，Y为极角度）

...

G15 　　　　　　　　　（取消极坐标编程）

在判别极坐标的角度时，需要注意：是以起点的逆时针方向的角度为正角度，顺时针方向的角度为负角度。如图9.3所示，其中B点坐标就是Y+45。

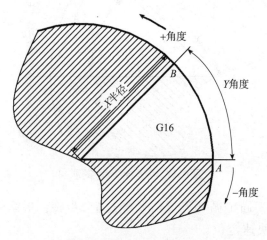

图9.3　极坐标的角度判别

2．极坐标编程说明及举例

极坐标原点指定方式有两种，一种是以工件坐标系的零点作为极坐标原点；另一种是以刀具当前的位置作为极坐标系原点。一般情况下，以工件坐标系的零点作为极坐标系原点的零件较多且常见。

当以工件坐标系零点作为极坐标系原点时，要使用绝对值编程方式来指定。例如，程序"G90 G17 G16;"，极坐标半径值是指终点坐标到编程原点的距离；角度值是指终点坐标与编程原点的连线与X轴的夹角。

当以刀具当前位置作为极坐标系原点时，用增量值编程方式来指定。例如，程序"G91 G16;"，极坐标半径值是指终点到刀具当前位置的距离；角度值是指前一坐标原点与当前极坐标系原点的连线与当前轨迹的夹角。如图9.4所示，假设以工件坐标系原点为极坐标原点，以极坐标方式进行编程，则A点坐标为"G16 X100 Y0"，B点坐标为"G16 X100 Y45"这时，X就是极半径，Y就是极角度。

9.1.2　返回平面选择设定指令（G98/G99）

在应用孔加工固定循环功能之前，我们需要先定义孔加工平面。简单地说，就是加工完一个孔之后要去加工第二个孔时，Z坐标返回的平面。一般

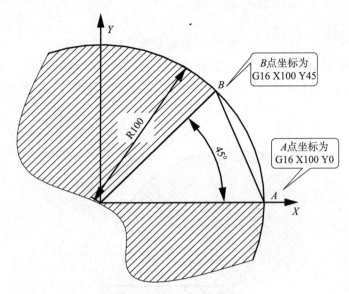

图9.4 极坐标编程举例

情况下，一个孔加工固定循环完成需要经过6个步骤，如图9.5所示：

（1）X、Y轴快速定位。

（2）Z轴快速定位到R点。

（3）孔加工。

（4）孔底动作。

（5）Z轴返回R点。

（6）或者Z轴返回初始平面。

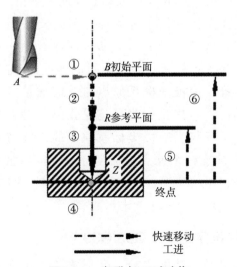

图9.5 一般孔加工时动作

G98/G99决定固定循环在孔加工完成后返回R点还是起始点，G98模态下，孔加工完成后Z轴返回起始点（如图9.5中步骤6所示）；在G99模态下则返回R点（如图9.5中步骤5所示）。

一般情况下，如果被加工的孔在一个平整的平面上，我们可以使用G99指令，因为G99模态下返回R点进行下一个孔的定位，而一般编程中R点非常靠近工件表面，这样可以缩短零件加工时间，但如果工件表面有高于被加工孔的凸台或筋时，使用G99指令时非常有可能使刀具和工件发生碰撞，这时，就应该使用G98指令，使Z轴返回初始点后再进行下一个孔的定位，这样就比较安全，如图9.6所示。

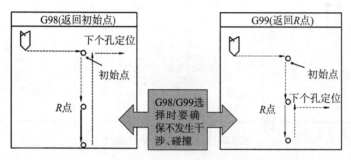

图9.6　G98/G99编程示例

9.1.3　钻孔循环指令（G81）

G81的指令格式如下：

　　G81 X_ Y_ Z_ F_ R_ K_;

说明：X_ Y_ 为孔的位置，可以放在G81指令后面，也可以放在G81指令的前面；Z_为孔底位置；F为进给速度（mm/min）；R_为参考平面位置高度；K_为重复次数，仅在需要重复时才指定，K的数据不能保存，没有指定K时，可认为K=1，即执行1次。G81钻孔循环指令在G98和G99两种模态下的动作分解如图9.7所示。

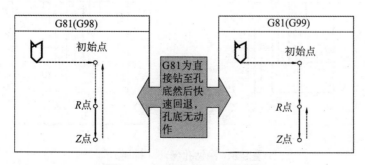

图9.7　G81钻孔循环动作分解

9.1.4　钻孔循环指令（G82）

G82指令格式如下：

G82 X_ Y_ Z_ F_ R_ P_；

说明：P_为在孔底位置的暂停时间，单位为ms（毫秒）。该指令一般用于扩孔和沉孔的加工。该指令同样有G98和G99两种方式，如图9.8所示。其他参数和G81指令相同。

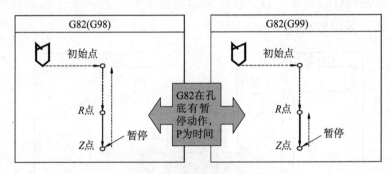

图9.8　G82带暂停钻孔循环

9.1.5　深孔钻孔循环指令（G83）

G83指令格式如下：

G83 X_ Y_ Z_ F_ R_ Q_；

说明：Q_为每次进给深度，始终用正值且增量值指令设置。该指令同样有G98和G99两种方式，如图9.9所示。其他参数和G81指令相同。

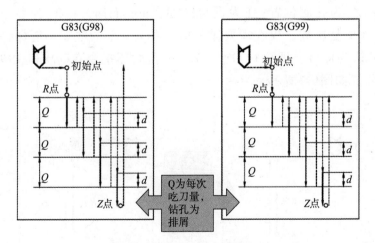

图9.9　深钻孔循环（排屑）

9.1.6 高速深孔钻循环指令（G73）

G73指令格式如下：

    G73 X_ Y_ Z_ F_ R_ Q_；

说明：该指令同样有G98和G99两种方式，如图9.10所示。其他参数和G81指令相同。

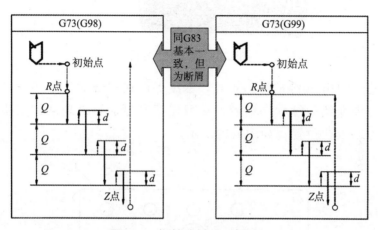

图9.10 深钻孔循环（断屑）

9.1.7 取消循环指令（G80）

调用孔加工固定循环指令之后，一定记得要取消固定循环指令，否则，因为孔加工固定循环指令是模态代码，会产生报警。采用G80指令取消循环，G80指令被执行以后，固定循环（G73、G74、G76、G81～G89）被该指令取消，R点和Z点的参数以及除F外的所有孔加工参数均被取消。

9.2 数控加工前准备工作

9.2.1 分析零件图

该零件毛坯材料45钢，在本钻孔工序之前，毛坯所有外表面已经加工完毕。其中钻孔部分包括：钻中心导向孔→钻孔→扩孔，如图9.11所示。

工步1：钻中心导向孔——注意导向孔深度为3mm。

工步2：钻孔，19个φ5mm孔，由于为非通孔，钻削深度要留刀具导出量，导出量要大于钻头刀尖长度，一般为3mm左右，因此钻孔深度为13mm和18mm。

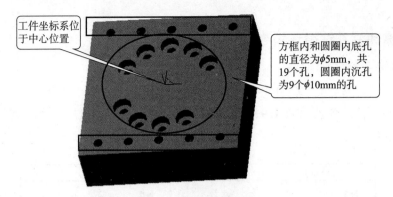

图9.11　加工工艺分析

工步3：φ10mm键槽铣刀扩孔，深度保证在5mm。

为了方便介绍后续程序内容，以及使读者更加容易理解加工步骤，故将孔位置分为19个孔位置，如图9.12所示。

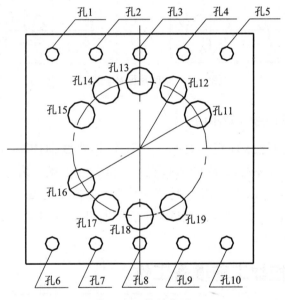

图9.12　孔的位置

9.2.2　工具、量具和夹具选择

本次加工所使用的工具与第5章加工实例使用的工具相同，详细内容参见第5章。

9.2.3　刀具及切削用量选择

该工件材料为45钢，切削性能较好，采用普通的加工刀具即可，本例加工使用φ3mm中心钻、φ5mm钻头、φ10mm键槽铣刀，如表9.1所示。

表9.1 刀具及切削用量选择

刀 号	刀 具	工作内容	$F/$（mm/min）	a_p/mm	$n/$（r/min）
T01中心钻		点钻孔，加工深度为3mm	100	3	1000
T02 ϕ 5mm钻头		钻孔，加工深度为13mm 和18mm	120	3	1500
T03 ϕ 10mm 键槽铣刀		钻沉孔，加工深度为5mm	100	3	1000

9.2.4 数控编程

下面是本加工实例参考程序中的主程序。

程 序	注 释
O0009 ；	（程序名）
T01 M06 ；	（换刀 T01 号刀具，即中心钻）
G40 G80 G90 G54 G00 X–32.5 Y35.0 ；	（取消刀具补偿，调入 G54 坐标系）
G43 H01 Z100.0 ；	（调入 1# 刀具半径补偿）
S1000 M03 ；	（主轴正转）
Z50.0 M08 ；	（设定初始距离为 Z50，切削液打开）
G99 G81 X–32.5 Y35.0 Z–3.0 R2.0 F100 ；	（钻中心孔深度 –3mm。位置为孔 1）
M98 P0010 ；	（钻孔 2~10 孔）
G90 G16 ；	（极坐标设定有效）
G99 G81 X25.0 Y30.0 Z–3.0 R2.0 F100 ；	（钻中心孔深度 –3mm。位置为孔 11）
M98 P0011 ；	（钻孔 12~19 孔）
G80 G00 Z100.0 M05 ；	（抬刀）
M09 ；	（切削液关闭）
T02 M06 ；	（换 T02 号刀具，即 ϕ 5mm 钻头）
G40 G80 G90 G54 G00 X–32.5 Y35.0 ；	（取消刀具补偿，调入 G54 坐标系）
G43 H2 Z100.0 ；	（调入 2# 刀具高度补偿）
S1500 M03 ；	（主轴正转）
Z50.0 M08 ；	（刀具快速定位至 Z50 位置，切削液打开）
G99 G83 X–32.5 Y35.0 Z–18.0 R2.0 Q3 F120 ；	（深钻孔固定循环，深度 –18mm，每次吃刀量为 3mm，钻孔 1）

程　序	注　释
M98 P0010 ；	（钻孔 2~10 孔）
G90 G16 ；	（极坐标设定有效）
G99 G83 X25.0 Y30.0 Z−13.0 R2.0 Q3 F120 ；	（深钻孔固定循环，深度 −18mm，每次吃刀量为 3mm 钻孔 11）
M98 P0011 ；	（钻孔 12~19 孔）
G80 G00 Z100.0 M05 ；	（抬刀）
M09 ；	（切削液关闭）
T03 M06 ；	（换刀，即 ϕ10mm 键槽铣刀）
G40 G80 G90 G54 G00 X−32.5 Y35.0 ；	（取消刀具补偿，调入 G54 坐标系）
G43 H3 Z100.0 ；	（调入 3# 刀具高度补偿）
S1000 M03 ；	（主轴正转）
Z50.0 M08 G16 ；	（刀具快速定位至 Z50 位置，切削液打开，极坐标设定有效）
G99 G83 X25.0 Y30.0 Z−5.0 R2.0 Q3 F120 ；	（深钻孔固定循环，深度 −5mm，每次吃刀量为 3mm 钻孔 11）
M98 P0011 ；	（钻孔 11~19 孔）
G80 G00 Z100.0 M05 ；	（抬刀）
M09 ；	（切削液关闭）
M30 ；	（程序结束）

下面是本加工实例参考程序的子程序O0010和O0011。

程　序	注　释
O0010 ；	（子程序名称，直排孔子程序）
G91 X16.25 K4.0 ；	（以 X16.25 为一个布距，加工 2~5 孔）
G90 X−32.5 Y−35.0 ；	（定位至孔位置 6）
G91 X16.25 K4.0 ；	（以 X16.25 为一个布距，加工 7~10 孔）
G90 ；	（取消相对方式，改为绝对方式）
M99 ；	（子程序结束）
O0011 ；	（子程序名称，圆形均布孔子程序）
G91 Y30 K4.0 ；	（相对方式 30° 为一个布距，加工 12~15 孔）
G90 Y210 ；	（绝对方式 210°，加工 16 孔）
G91 Y30 K3.0 ；	（相对方式 30° 为一个布距，加工 17~19 孔）
G90 ；	（取消相对方式，变成绝对方式）
M99 ；	（子程序结束）

本加工实例的主程序中的刀具轨迹如表9.2所示。

表9.2 图解加工程序

程序内容	动作说明
O0009；	程序名
T01 M06；	换刀T01号刀具（中心钻）
G40 G80 G90 G54 G00 X–32.5 Y35.0；	取消刀具补偿，调入G54坐标系
G43 H1 Z100.0；	调入1#刀具半径补偿
S1000 M03；	主轴正转
Z50.0 M08；	刀具快速定位之初始平面，切削液打开
G99 G81 X–32.5 Y35 Z–3.0 R2.0 F100； M98 P0010；	钻中心孔
G90 G16； G99 G81 X25 Y30.0 Z–3.0 R2.0 F100； M98 P0011；	采用G16极坐标编程，轮廓子程序O11
G80 G00 Z100.0 M05；	抬刀至Z100位置，G80取消孔加工固定循环
M09；	关闭切削液
T02 M06；	换T02号刀具（Φ5mm钻头）
G40 G80 G90 G54 G00 X–32.5 Y35.0；	取消刀具补偿，调入G54坐标系
G43 H2 Z100.0；	调入2#刀具高度补偿
S1500 M03；	主轴正转
Z50.0 M08；	刀具快速定位至Z50位置，切削液打开

续表9.2

程序内容	动作说明
G99 G83 X–32.5 Y35.0 Z–18.0 R2.0 Q3 F120； M98 P0010；	钻削直排 ϕ5mm深15mm孔，调用子程序O0010
G90 G16； G99 G83 X25.0 Y30.0 Z–13.0 R2.0 Q3 F120； M98 P0011；	极坐标系设定G16，钻 ϕ5mm深10mm孔，调用点位子程序O0011
G80 G00 Z100.0 M05；	抬刀至Z100位置，G80取消孔加工固定循环
M09；	关闭切削液
T03 M06；	换刀（ ϕ10mm键槽铣刀），取消刀具补偿，调入G54坐标系
G40 G80 G90 G54 G00 X–32.5 Y35.0；	
G43 H3 Z100.0；	调入3#刀具高度补偿
S1000 M03；	主轴正转
Z50.0 M08 G16；	刀具快速定位至Z50位置，切削液打开
G99 G83 X25.0 Y30.0 Z–5.0 R2.0 Q3 F120； M98 P0011；	
G80 G00 Z100.0 M05；	抬刀至Z100位置，G80取消孔加工固定循环
M09；	关闭切削液
M30；	程序结束

9.3 数控加工实施

9.3.1 装夹工件并找正

检查毛坯尺寸。根据工件的大小和加工需求，确定选择怎样的毛坯并测量工件毛坯尺寸。装夹工件的方法和前面章节介绍的内容相同，具体操作步骤请参照第5章。

9.3.2 确定坐标系并对刀

从零件图中可以看出，该工件所有尺寸是以工件中心为基准，故在设定工件坐标系时应设置为工件中心位置，易于数控编程，在对刀时也应考虑编程原点和工件原点要重合，如图9.13所示。

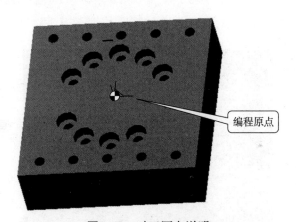

编程原点

图9.13 对刀原点说明

X、Y方向采用百分表对刀法，将机床坐标系原点偏置到工件坐标系原点上，通过对刀操作得到X、Y坐标偏置值，并输入到G54坐标系中，G54坐标系中的Z坐标输入0。具体详细步骤见本书第4章单边对刀步骤。

9.3.3 装刀（确定刀具长度补偿）

工件的Z轴坐标原点设为上表面，按要求测量刀具的长度值并将其输入到刀具长度补偿的参数中（对应刀具长度补偿号为H01、H02、H03），如图9.14所示。

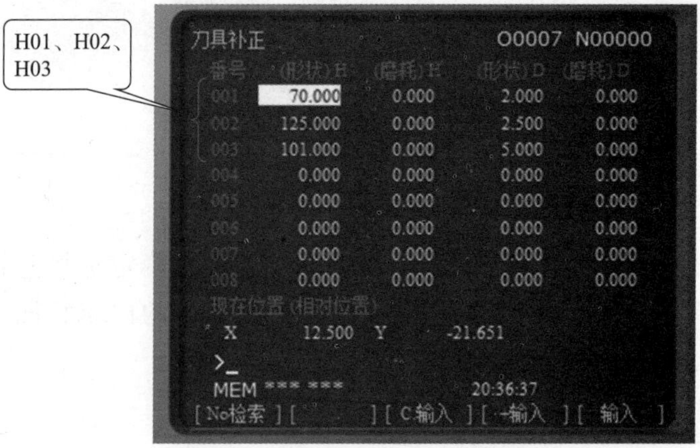

H01、H02、H03

图9.14 输入刀具长度补偿值

9.3.4 编程及加工

调入前面编辑好的程序O0009、O0010、O0011输入到机床中，将操作按钮置于自动执行状态，点开始键进行加工，如图9.15～图9.18所示。

图9.15 调入程序

图9.16 点钻孔加工

图9.17 钻削 ϕ 5mm孔

图9.18 钻削 ϕ 10mm孔

9.3.5 检验（去毛刺）

用倒角刀在机床上去除毛刺，可以参照G81钻孔循环程序进行加工，如图9.19所示（本章节中倒角加工程序略）。最终完成工件的加工，如图9.20所示。

图9.19 45°倒角刀去除毛刺

图9.20 加工完成工件

第**10**章

精密孔的加工

前面我们介绍了一般孔的加工方法和步骤，但在实际的加工过程中，我们经常会遇到不同类型的孔，比如精密孔。一般把精密孔分为铰孔和镗孔两种。FANUC系统为用户提供了很多常见孔的固定循环指令，极大地缩短了编程时间和程序段的长度，有助于提高工作效率。

下面我们以图10.1所示的工件为例，来讲解加工精密孔的编程方法。

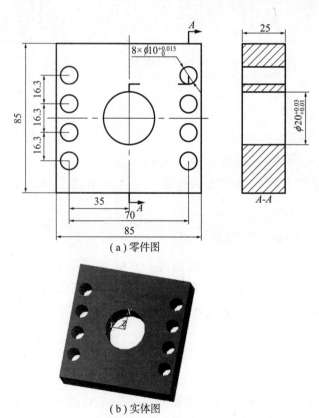

（a）零件图

（b）实体图

图10.1 加工工件

10.1 G代码功能指令

10.1.1 镗孔固定循环（G85）

G85固定循环指令非常简单，执行过程如下：先在X、Y坐标定位，然后Z轴快速移动到R点，以F给定的速度进给到Z点，再以F给定速度返回R点，如果在G98模态下，返回R点后再快速返回初始点。G85指令在G98和G99两种模态下的动作分解如图10.2所示。

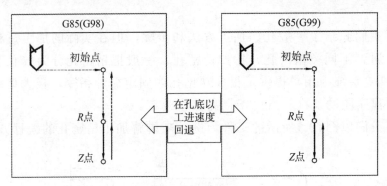

图10.2 G85指令

指令格式：

G85 X_ Y_ Z_ R_ F_;

说明：G85指令为镗孔循环指令，其在到达孔底位置后，主轴继续转动，并以工进（F值指定速度）速度退出，故在实际加工当中常用于铰削。X_ Y_为孔的位置，Z_为Z向终点坐标；F_为进给速度(mm/min)；R_为参考平面位置高度。

10.1.2 镗孔循环指令（G86）

G86固定循环指令与G85的区别是：G86在到达孔底位置后，主轴停止转动，并快速退出。而G85则到达孔底位置后主轴转动，并快速退回。G86指令在G98和G99两种模态下的动作分解如图10.3所示。

指令格式：

G86 X_ Y_ Z_ F_ R_;

说明：X_ Y_为孔的坐标位置，Z_为Z向终点坐标；F_为进给速度(mm/min)；R_为参考平面位置高度；该指令同样具有G98和G99两种方式。

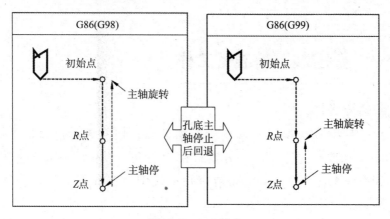

图10.3 G86指令

10.1.3 精镗循环指令（G76）

G76精镗循环与G86的区别是：G76在孔底有三个动作：进给暂停、主轴准停（定向停止）、刀具沿刀尖的反方向偏移Q值，然后快速退出。这样保证刀具不划伤孔的表面。

G76指令在G98和G99两种模态下的动作分解如图10.4所示。

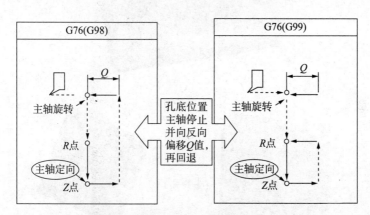

图10.4 G76指令

指令格式：

    G76 X_ Y_ Z_ F_ R_ P_ Q_；

说明：X_Y_为孔的X、Y坐标，Z_为Z向终点坐标；F_为进给速度(mm/min)；R_为参考平面位置高度；Q_为刀具在孔底定向后的偏移值。P_用于孔底动作有暂停的固定循环中指定暂停时间，单位为s。该指令同样有G98和G99两种方式。

10.2　数控加工前准备工作

10.2.1　分析零件图

　　该零件毛坯材料为铝料，本例采用精毛坯，所有表面已经加工完毕，要求加工图10.5中所有的孔。加工方案：钻中心孔→钻9个ϕ9mm通孔→扩8个ϕ9.8mm通孔→铰孔8个ϕ10mm精密孔→铣削ϕ20mm孔至ϕ19.8mm→镗ϕ20mm孔。

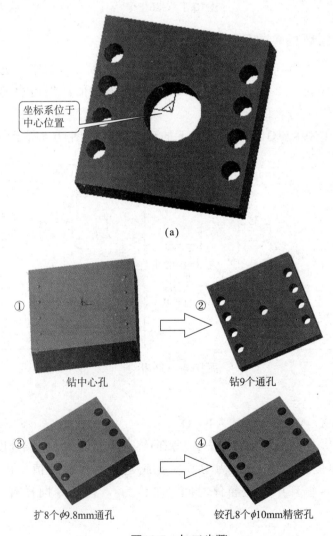

图10.5　加工步骤

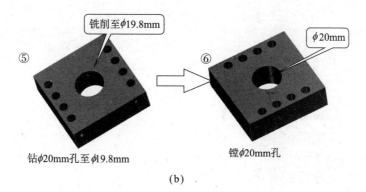

(b)

续图10.5

为了方便介绍后续程序内容,所以,将本例中的孔位置分别命名,共9个孔位置,如图10.6所示。

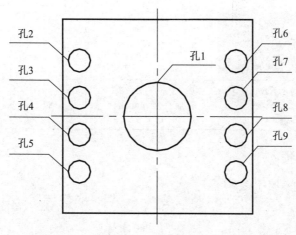

图10.6 孔的位置

10.2.2 工具、量具和夹具选择

本次加工所使用的工具与第5章加工实例使用的工具相同,详细内容参见第5章。

10.2.3 刀具及切削用量选择

该工件材料为45钢,切削性能较好,采用普通的加工刀具即可。本例使用ϕ3mm中心钻、ϕ9mm钻头、ϕ9.8mm钻头、ϕ18mm钻头、ϕ19.8mm钻头、ϕ10mm铰刀、ϕ20mm镗刀,如表10.1所示。

表10.1 刀具及切削用量选择

刀 号	刀 具	工作内容	$F/$（mm/min）	a_p/mm	n（r/min）
T01中心钻		点钻孔，加工出导向孔，加工深度为3mm	100	3	1000
T02 ϕ 9mm钻头		钻底孔为扩孔做准备	120	3	1500
T03 ϕ 9.8mm钻头		扩孔，此步骤为半精加工	120	3	1500
T04 ϕ 18mm钻头		此步骤为粗加工	100	3	500
T05 ϕ 19.8mm钻头		此步骤为半精加工	100	3	500
T06 ϕ 10mm铰刀		精加工 ϕ 10H7mm	180	0.1	300
T07 ϕ 20mm镗刀		精加工 ϕ 20mm孔	80	0.1	300

10.2.4 数控编程

下面是本例的加工参考程序。

程 序	注 释
O0010 ；	（程序名）
T01 M06 ；	（换刀 T01 号刀具，即中心钻）
G40 G80 G90 G54 G00 X–35.0 Y24.35 ；	（取消刀具补偿，主轴正转，调入 G54 坐标系）
G43 H01 Z100.0 ；	（调入 1 号刀具高度补偿值）
S1000 M03 ；	（主轴正转）
Z50.0 M08 ；	（初始安全高度）
G99 G81 X–35.0 Y24.35 Z–3.0 R2.0 F100 ；	（加工孔 2）
M98 P0002 ；	（加工 3 个 ϕ 9mm 孔）
X0 Y0 ；	（加工孔 1）
G80 G00 Z100.0 M05 ；	（抬刀）
M09 ；	（切削液关闭）
T02 M06 ；	（换 T02 号刀具，即 ϕ 9mm 钻头）
G40 G80 G90 G54 G00 X–35.0 Y24.35 ；	（取消刀具补偿，主轴正转,调入 G54 坐标系）

程　　序	注　　释
G43 H02 Z100.0 ;	（调入 2 号刀具高度补偿）
S1000 M03 ;	（主轴正转）
Z50.0 M08 ;	（初始安全高度）
G99 G83 X–35.0 Y24.35 Z–30.0 R2.0 Q3 F100 ;	（钻 φ9mm 孔，加工孔 2）
M98 P0002 ;	（加工 3 个 φ9mm 孔）
X0 Y0 ;	（加工孔 1）
G80 G00 Z100.0 M05 ;	（抬刀）
M09 ;	（切削液关闭）
T03 M06 ;	（换 T03 号刀具，即 φ9.8mm 钻头）
G40 G80 G90 G54 G00 X–35.0 Y24.35 ;	（取消刀具补偿,主轴正转,调入 G54 坐标系）
G43 H03 Z100.0 ;	（调入 3 号刀具高度补偿）
S1000 M03 ;	（主轴正转）
Z50.0 M08 ;	（初始安全高度）
G99 G83 X–35.0 Y24.35 Z–30.0 R2.0 Q10 F100 ;	（钻孔，深度为 30mm，每次吃刀深度为 3mm，加工孔 2）
M98 P0002 ;	（加工 3 个 φ9mm 孔）
G80 G00 Z100.0 M05 ;	（抬刀）
M09 ;	（切削液关闭）
T04 M06 ;	（换 T04 号刀，即 φ10 mm 铰刀）
G40 G80 G90 G54 G00 X–35 Y24.35 ;	（取消刀具补偿,主轴正转,调入 G54 坐标系）
G43 H04 Z100.0 ;	（调入 4 号刀具高度补偿）
S300 M03 ;	（主轴正转）
Z50.0 M08 ;	（初始安全高度）
G99 G85 X–35.0 Y24.35 Z–25.0 R2.0 F180 ;	（铰孔，加工孔 2，深度为 25mm，进给速度为 180mm/min）
M98 P0002 ;	（加工 3 个 φ9mm 孔）
G80 G00 Z100.0 M05 ;	（抬刀）
M09 ;	（切削液关闭）
T05 M06 ;	（换 T05 刀，即 φ18mm 钻头）
G40 G80 G90 G54 G00 X–35.0 Y24.35 ;	（取消刀具补偿,主轴正转,调入 G54 坐标系）
G43 H05 Z100.0 ;	（调入 5 号刀具高度补偿值）
S500 M03 ;	（主轴正转）
Z50.0 M08 ;	（初始安全高度）

程　序	注　释
G99 G83 X0 Y0 Z–28.0 R2.0 Q3 F100 ；	（钻孔，深度为 28mm，每次吃刀深度 3mm，加工孔 1）
G80 G00 Z100.0 M05 ；	（抬刀）
M09 ；	（切削液关闭）
T06 M06 ；	（换 T06 刀，即 ϕ 19.8mm 扩孔钻）
G40 G80 G90 G54 G00 X–35.0 Y24.35 ；	（取消刀具补偿，主轴正转，调入 G54 坐标系）
G43 H06 Z100 ；	（调入 6 号刀具高度补偿）
S500 M03 ；	（主轴正转）
Z50.0 M08 ；	（初始安全高度）
G99 G81 X0 Y0 Z–28.0 R2.0 F100 ；	（扩孔，深度为 28mm，加工孔 1）
G80 G00 Z100.0 M05 ；	（抬刀）
M09 ；	（切削液关闭）
T07 M06 ；	（换 T07 号刀具，即 ϕ 20 mm 镗刀）
G40 G80 G90 G54 G00 X–35.0 Y24.35 ；	（取消刀具补偿，主轴正转，调入 G54 坐标系）
G43 H07 Z100.0 ；	（调入 7 号刀具高度补偿）
S300 M03 ；	（主轴正转）
Z50.0 M08 ；	（初始安全高度）
G99 G86 X0 Y0 Z–22.0 R2.0 F80 ；	（调入镗孔固定循环指令，深度为 22mm，加工孔 1）
G80 G00 Z100.0 M05 ；	（抬刀）
M09 ；	（切削液关闭）
M30 ；	（程序结束）

子程序	注　释
O0002 ；	（程序名）
G91 Y–16.3 K3 ；	（相对方式钻 3 个孔，即孔 3、4、5）
G90 X35.0 Y24.35 ；	（绝对方式钻第一个孔，即孔 6）
G91 Y–16.3 K3 ；	（相对方式钻 3 个孔，即孔 7、8、9）
G90 ；	（改为绝对方式）
M99 ；	（子程序结束）

本例的刀具轨迹路线如表10.2所示。

表10.2 图解加工程序

程 序	图 解
O0010；	程序名
T01 M06；	换刀T01号刀具（中心钻）
G40 G80 G90 G54 G00 X–35.0 Y24.35；	取消刀具补偿，主轴正转，调入G54坐标系
G43 H01 Z100.0；	调入1号刀具高度补偿
S1000 M03；	主轴正转
Z50.0 M08；	初始安全高度
G99 G81 X–35.0 Y24.35 Z–3.0 R2.0 F100；	加工孔2
M98 P0002；	
X0 Y0；	
G80 G00 Z100.0 M05；	抬刀
M09；	切削液关闭
T02 M06；	换T02号刀具（Φ9mm钻头）
G40 G80 G90 G54 G00 X–35.0 Y24.35；	取消刀具补偿，主轴正转，调入G54坐标系
G43 H02 Z100.0；	调入2号刀具高度补偿值
S1000 M03；	主轴正转
Z50.0 M08；	初始安全高度
G99 G83 X–35.0 Y24.35 Z–30.0 R2.0 Q3 F100；	钻ϕ9mm孔

续表10.2

程 序	图 解
M98 P0002；	钻余下孔
X0 Y0	
G80 G00 Z100.0 M05；	抬刀
M09；	切削液关闭
T03 M06；	换T03号刀（Φ9.8mm钻头）
G40 G80 G90 G54 G00 X−35.0 Y24.35；	取消刀具补偿，主轴正转，调入G54坐标系
G43 H03 Z100.0；	调入3号刀具高度补偿值
S1000 M03；	主轴正转
Z50.0 M08；	初始安全高度
G99 G83 X−35.0 Y24.35 Z−30.0 R2.0 Q10 F100；	钻孔，深度为30mm，每次吃刀深度为3mm
M98 P0002；	
G80 G00 Z100.0 M05；	抬刀
M09；	切削液关闭
T04 M06；	换T04号刀（Φ10mm铰刀）
G40 G80 G90 G54 G00 X−35.0 Y24.35；	取消刀具补偿，主轴正转，调入G54坐标系
G43 H04 Z100.0；	调入4号刀具高度补偿值
S300 M03；	主轴正转
Z50.0 M08；	初始安全高度
G99 G85 X−35.0 Y24.35 Z−25.0 R2.0 F180；	铰孔，深度为25mm，进给速度为180mm/min
M98 P0002；	
G80 G00 Z100.0 M05；	抬刀
M09；	切削液关闭
T05 M06；	换T05号刀（Φ18mm钻头）
G40 G80 G90 G54 G00 X−35.0 Y24.35；	取消刀具补偿，主轴正转，调入G54坐标系

程　序	图　解
G43 H05 Z100.0；	调入5号刀具高度补偿值
S500 M03；	主轴正转
Z50.0 M08；	初始安全高度
G99 G83 X0 Y0 Z−28.0 R2.0 Q3.0 F100；	钻孔，深度为28mm，每次吃刀深度3mm
G80 G00 Z100.0 M05；	抬刀
M09；	切削液关闭
T06 M06；	换T06号刀（Φ19.8mm扩孔钻）
G40 G80 G90 G54 G00 X−35 Y24.35；	取消刀具补偿，主轴正转，调入G54坐标系
G43 H06 Z100.0；	调入6号刀具高度补偿
S500 M03；	主轴正转
Z50.0 M08；	初始安全高度
G99 G81 X0 Y0 Z−28.0 R2.0 F100；	扩孔，深度为28mm
G80 G00 Z100.0 M05；	抬刀
M09	切削液关闭
T07 M06；	换T07号刀（Φ20mm镗刀）
G40 G80 G90 G54 G00 X−35.0 Y24.35；	取消刀具补偿，主轴正转，调入G54坐标系
G43 H07 Z100.0；	调入7号刀具高度补偿值
S300 M03；	主轴正转
Z50.0 M08；	初始安全高度
G99 G86 X0 Y0 Z−22.0 R2.0 F80；	调入镗孔固定循环指令，深度为22mm
G80 G00 Z100.0 M05；	抬刀
M09；	切削液关闭
M30；	程序结束

10.3 数控加工实施

10.3.1 装夹工件并找正

检查毛坯尺寸，根据工件的大小和加工需求，确定选择怎样的毛坯并测量工件毛坯尺寸。装夹工件的方法和前面章节所使用的方法相同，具体操作步骤请参照第5章的内容。

10.3.2 确定坐标系并对刀

从零件图中可以看出，该工件所有尺寸是以工件中心为基准，故在设定工件坐标系时应设置为工件中心位置，易于数控编程，在对刀时也应考虑编程原点和工件原点要重合，如图10.7所示。

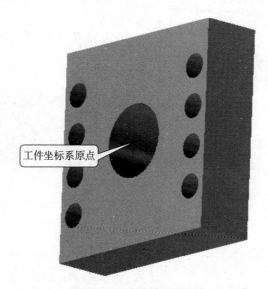

图10.7 工件坐标系原点

X、Y方向采用百分表对刀法，将机床坐标系原点偏置到工件坐标系原点上，通过对刀操作得到X、Y坐标偏置值输入到G54坐标系中，G54坐标系中Z坐标输入0。具体详细步骤见第4章单边对刀步骤。

10.3.3 装刀（确定刀具长度补偿）

工件的Z轴坐标原点设为上表面，按要求测量刀具的长度，并将刀具长度补偿值输入到刀具长度补偿寄存器的参数中（对应刀具长度号码为H01，H02，H03，…，H07），如图10.8所示。

图10.8 刀具长度补偿

10.3.4 编程及加工

调入前面编辑好的程序O0010、O0012输入到机床中，将操作按钮置于自动执行状态，点开始键进行加工。调入程序的画面如图10.9所示。

图10.9 调入程序

10.3.5 检验（去毛刺）

精密孔的检验一般情况下采用塞规、内径千分尺或者内径百分表测量。具体测量工具及测量方法的选择也是根据企业的实际情况而确定，有时也会根据孔径的大小、工件的批量大小、零件的精度等级等采用不同的测量方法。本书中 ϕ10mm孔可采用塞规测量，ϕ20mm孔可采用内径千分尺测量较好。塞规、内径千分尺和内径百分表如图10.10所示。

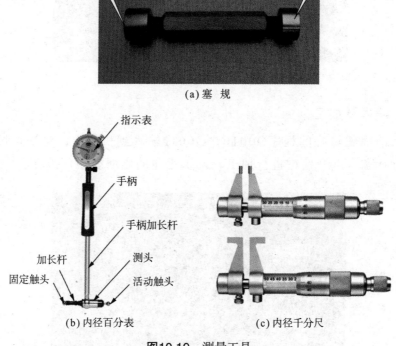

(a) 塞 规

(b) 内径百分表　　(c) 内径千分尺

图10.10　测量工具

第**11**章

螺纹孔和盲孔的加工

在基本孔型中我们介绍了一般孔、精密孔等加工方式及工艺，在实际加工中还有一种也是比较常见的孔型，那就是螺纹孔和盲孔。而对于螺纹孔，一般情况下分为刚性攻丝和柔性攻丝。本书主要介绍刚性攻丝的编程和加工方法。本次加工实例的零件图和立体图如图11.1所示。

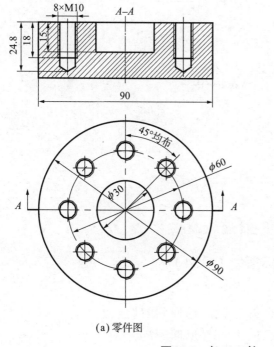

(a) 零件图

(b) 立体图

图11.1　加工工件

11.1　G代码功能指令

11.1.1　攻左旋螺纹固定循环指令（G74）

指令格式：

　　　G74 X_ Y_ Z_ R_ P_ F_ K_；

说明：G74指令的加工动作分解如图11.2所示，注意图中主轴正转和主轴反转动作。左旋攻螺纹（攻反螺纹）时，主轴反转，到孔底时主轴正转，然后以工进速度退回。

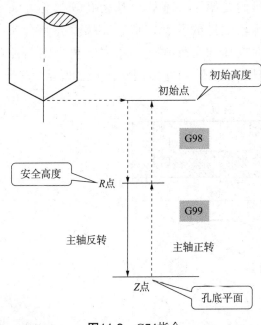

图11.2　G74指令

11.1.2　攻右旋螺纹固定循环指令（G84）

指令格式：

　　　G98 G84 X_ Y_ Z_ R_ F_；　　　（返回到初始点）

　　　G99 G84 X_ Y_ Z_ R_ F_；　　　（返回到R点）

说明：从R点到Z点攻丝时，刀具正向进给，主轴正转。到孔底部时，主轴反转，刀具以反向进给速度退出，动作分解如图11.3所示。进给速度F＝转速（r/min）×螺矩（mm），R点应选在距工件表面7mm以上的地方。G84指令中进给倍率不起作用；进给保持只能在返回动作结束后执行。

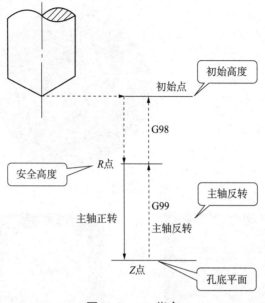

图11.3 G84指令

注意：

（1）刚性攻丝时需要配合M29并指定S转速，例如下面程序：

    M29 S100；

    G98 G84 X0 Y0 Z-10.0 R2.0 F200；

（2）攻螺纹过程要求主轴转速与进给速度成严格的比例关系，进给速度F=转速(r/min)×螺矩 (mm)。

（3）R点应选在距工件表面7mm以上的地方。

11.2 数控加工前准备工作

11.2.1 分析零件图

该零件毛坯材料为45钢，本例采用精毛坯，所有表面已经加工完毕，要求加工图11.1中所有的孔。将工件装夹在三爪自定心卡盘上并找正，工件坐标系设置为中心，如图11.4所示。攻丝采用刚性攻丝即可。

加工方案：钻中心孔→钻8个ϕ8.5mm孔→粗铣ϕ30mm底孔至29.5mm→倒角8个，要求1×45°→攻螺纹M10mm→精铣ϕ30mm孔至尺寸，如图11.5所示。

为了方便介绍后续程序内容，将本例中的加工孔的位置标明为9个孔位置，如图11.6所示。

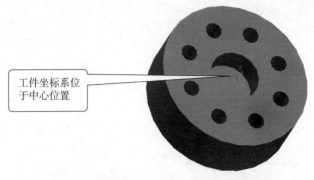

图11.4 工件坐标系原点

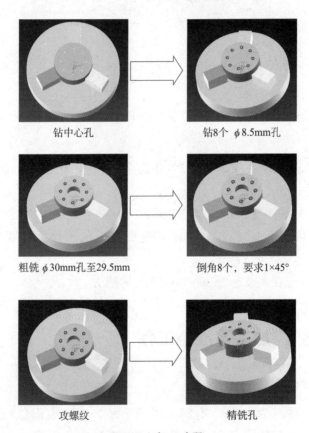

图11.5 加工步骤

11.2.2 铣削方向及铣削路线的确定

ϕ30mm孔在加工中主要考虑螺旋插补，铣刀沿工件ϕ30mm轮廓逆时针方向铣削，考虑到工件公差范围较大，故不采用刀具半径补偿指令进行铣削，而是直接采用ϕ12mm键槽铣刀铣削。刀具铣削时采用螺旋插补方法进行铣削，如图11.7所示。

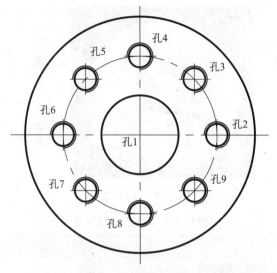

图11.6　孔位示意图

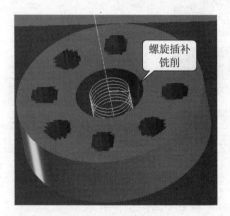

图11.7　螺旋插补

螺旋铣削：在螺旋铣削过程中，刀具是以螺旋方式切入工件，其开孔速度比钻孔更快，而且能同时减少摩擦力，甚至可以"以铣代镗"。

11.2.3　工具、量具和夹具选择

预先在机床上安装好三爪自定心卡盘，将工件夹持在三爪上，底面用等高垫铁垫高，注意垫铁应避开孔加工位置，以便刀具在孔加工到达底面时不碰伤三爪和垫铁。工具选择与前面章节选择的工具并无差别，夹具选择三爪自定心卡盘，具体装夹方法如图11.8所示。

11.2.4　刀具及切削用量选择

该工件材料为45钢，切削性能较好，采用普通的加工刀具即可，本例采用ϕ3mm中心钻、ϕ8.5mm钻头、M10丝锥、ϕ12mm铣刀，如表11.1所示。

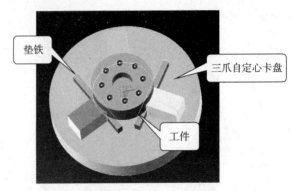

图11.8 工件装夹

表11.1 刀具及切削用量

刀 号	刀 具	工作内容	f / (mm/min)	a_p /mm	n / (r/min)
T01中心钻		点钻孔，加工出导向孔，加工深度为3mm	100	3	1000
T02 ϕ8.5mm钻头		钻底孔为扩孔做准备	120	3	1500
T03 M10mm丝锥		攻丝	100	1.5	150
T04 ϕ12mm铣刀		铣槽	3000	0.5	1000

11.2.5 数控编程

本例的全部加工参考程序内容如下所示。

程 序	注 释
O0010 ；	（程序名）
T01 M06 ；	（换刀 T01 号刀具，即中心钻）
G40 G80 G90 G54 G00 X30.0 Y0 ；	（取消刀具补偿，主轴正转，调入 G54 坐标系）
G43 H01 Z100.0 ；	（调入 1 号刀具高度补偿值）
S1000 M03 ；	（主轴正转）
Z50.0 M08 ；	（初始安全高度）
G99 G81 X30.0 Y0 Z–3.0 R2.0 F100 ；	（加工深度为 –3mm，加工孔 2）
M98 P0011 ；	（加工孔 3～9）
X0 Y0 ；	（加工孔 1）
G80 G00 Z100.0 M05 ；	（抬刀）
M09 ；	（切削液关闭）

程　序	注　释
T02 M06;	（换刀 T02 号刀具，即 ϕ8.5mm 钻头）
G40 G80 G90 G54 G00 X–30.0 Y0 ;	（取消刀具补偿，主轴正转，调入 G54 坐标系）
G43 H02 Z100 ;	（调入 2 号刀具高度补偿值）
S1000 M03 ;	（主轴正转）
Z50.0 M08 ;	（初始安全高度）
G99 G83 X30.0 Y0 Z–24.8 R2.0 Q3.0 F100 ;	（深钻孔加工，深度为 –3mm，每次吃刀深度 3mm；加工孔 2）
M98 P0011 ;	（加工孔 3 ～ 9）
X0 Y0 Z–15.0 ;	（加工孔 1 深度变为 –15mm）
G80 G00 Z100.0 M05 ;	（抬刀）
M09 ;	（切削液关闭）
T03 M06 ;	（换刀 T03 号刀具，即 M10mm 丝锥）
G40 G80 G90 G00 G54 X–30.0 Y0 ;	（取消刀具补偿，主轴正转，调入 G54 坐标系）
G43 H03 Z100.0 ;	（调入 3 号刀具高度补偿值）
Z50.0 M08 ;	（初始安全高度）
M29 S100 ;	（刚性攻丝设定）
G99 G84 X30.0 Y0 Z–18.0 R2.0 F150 ;	（刚性攻丝调用，加工深度为 –18mm。加工孔 2）
M98 P0011 ;	（加工孔 3 ～ 9）
G80 G00 Z100.0 M05 ;	（抬刀）
M09 ;	（切削液关闭）
T04 M06 ;	（换刀 T04 号刀具，即 ϕ12mm 铣刀）
G40 G80 G90 G54 G00 X0 Y0 ;	（取消刀具补偿，主轴正转，调入 G54 坐标系）
G43 H04 Z100 ;	（调入 4 号刀具高度补偿值）
S1000 M03 ;	（主轴正转）
Z50.0 M08 ;	（初始安全高度）
G00 Z2.0 ;	（快速下刀至安全平面）
G01 Z0 F250 ;	（直线插补）
G01 X9.0 F200 ;	（直线插补）
M98 P300012 ;	（螺旋插补加工孔 1）
G90 G01 X0 Y0 ;	（回坐标系原点）
G00 Z100.0 M05 ;	（抬刀）
M09 ;	（切削液关闭）
M30 ;	（程序结束）

孔位置子程序的内容如下所示。

程　序	注　释
O0011；	（圆形均布孔子程序名称）
G16；	（极坐标设定）
G91 Y45 K7；	（以 45°为一个布距加工孔 3 ～ 9）
M99；	（子程序结束）

铣圆的子程序内容如下。

程　序	注　释
O0012；	（圆孔铣削子程序名称）
G91 G03 Z-0.5 I-9.0 J0；	（逆时针圆弧螺旋插补加工，以 0.5mm 为一个布距）
M99；	（子程序结束）

参考加工程序和两个子程序的图解内容如表11.2～表11.4所示。

表11.2　图解参考加工程序

程　序	图　解
O0010；	程序名
T01 M06；	换刀T01号刀具（中心钻）
G40 G80 G90 G54 G00 X30.0 Y0；	取消刀具补偿，主轴正转，调入G54坐标系
G43 H01 Z100.0；	调入1号刀具高度补偿
S1000 M03；	主轴正转
Z50.0 M08；	初始安全高度
G99 G81 X30.0 Y0 Z–3.0 R2.0 F100；	加工孔2
M98 P0011；	加工孔3~9

程　序	图　解
X0 Y0;	加工孔1
G80 G00 Z100.0 M05;	抬刀
M09;	切削液关闭
T02 M06;	换刀T02号刀具（ϕ8.5mm钻头）
G40 G80 G90 G54 G00 X−30.0 Y0;	取消刀具补偿，主轴正转，调入G54坐标系
G43 H02 Z100.0;	调入2号刀具高度补偿
S1000 M03;	主轴正转
Z50.0 M08;	初始安全高度
G99 G83 X30.0 Y0 Z−24.8 R2.0 Q3.0 F100;	
M98 P0011;	
X0 Y0 Z−15.0;	
G80 G00 Z100.0 M05;	抬刀
M09;	切削液关闭
T03 M06;	换刀T03号刀具（M10丝锥）
G40 G80 G90 G00 G54 X−30.0 Y0;	取消刀具补偿，主轴正转，调入G54坐标系
G43 H03 Z100.0;	调入3号刀具高度补偿
Z50.0 M08;	初始安全高度
M29 S100;	刚性攻丝调用
G99 G84 X30.0 Y0 Z−18.0 R2.0 F150;	
M98 P0011;	
G80 G00 Z100.0 M05;	抬刀
M09;	切削液关闭
T04 M06;	换刀T04号刀具（ϕ12mm铣刀）
G40 G80 G90 G54 G00 X0 Y0;	取消刀具补偿，主轴正转，调入G54坐标系
G43 H04 Z100.0;	调入4号刀具高度补偿
S1000 M03;	主轴正转

程 序	图 解
Z50.0 M08;	初始安全高度
G00 Z2.0;	快速下刀至安全平面
G01 Z0 F250;	直线插补
G01 X9.0 F200;	直线插补
M98 P300012;	
G90 G01 X0 Y0;	回圆心
G00 Z100.0 M05;	抬刀
M09;	切削液关闭
M30;	程序结束

表11.3 孔位置子程序图解

程 序	图 解
O0011;	子程序名称
G16;	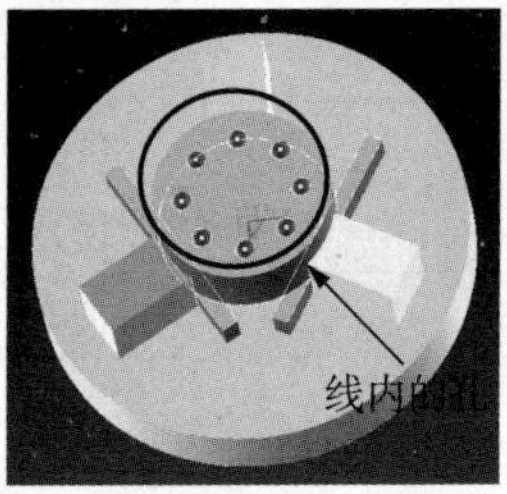
G91 Y45 K7;	线内的孔
M99;	子程序结束

表11.4 铣圆子程序图解

程 序	图 解
O0012;	子程序名称
G91 G03 Z–0.5 I–9.0 J0;	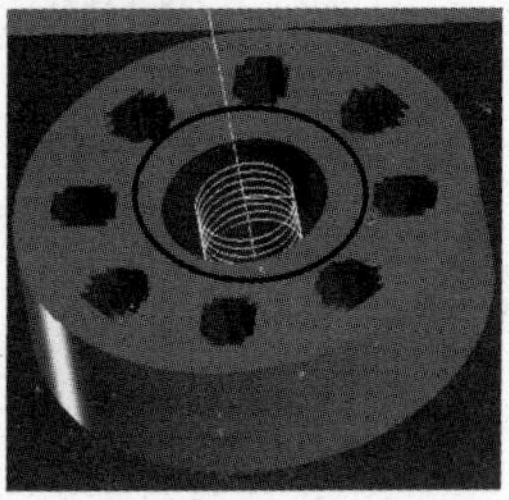
M99;	子程序结束

11.3 数控加工实施

11.3.1 装夹工件并找正

检查毛坯尺寸根据工件的大小和加工需求，确定选择怎样的毛坯并测量工件毛坯尺寸。装夹工件采用三爪自定心卡盘装夹，其他具体操作步骤请读者参照第5章的内容。

11.3.2 确定坐标系并对刀

从图11.1中可以看出，该工件所有尺寸是以工件中心为基准，所以，在设定工件坐标系时，应将工件原点设置在工件的中心位置，易于数控编程，在对刀时也应考虑编程原点和工件原点要重合，如图11.9所示。

图11.9 对刀原点

X、Y方向采用百分表对刀法，将机床坐标系原点偏置到工件坐标系原点上，通过对刀操作得到X、Y坐标偏置值，并输入到G54坐标系中，在G54坐标系中Z坐标输入0。具体详细步骤见第4章单边对刀步骤。

11.3.3 装刀（确定刀具长度补偿）

工件的Z轴坐标原点设置为上表面，按要求测量刀具的长度，并将刀具长度补偿值输入到刀具长度补偿寄存器中（对应刀具长度号码为H01、H02、H03、H04），如图11.10所示。

11.3.4 编程及加工

调入前面编辑好的程序O0010、O0011、O0012输入到机床中，如图11.11所示，将操作按钮置于自动执行状态，按下开始键进行加工。

图11.10 刀具长度补偿

图11.11 调入程序

11.3.5 检验（去毛刺）

此零件的检验采用螺纹塞规进行测量。螺纹塞规的外形如图11.12所示。

图11.12 螺纹塞规外形

螺纹塞规使用方法如下。

（1）使用前，螺纹塞规应经相关部门检验计量合格后，才能投入生产现场使用。

（2）使用时，应注意被测螺纹公差等级及偏差代号与螺纹塞规标识的公差等级、偏差代号相同。螺纹塞规规格的辨识方法如图11.13所示。

（3）检验测量过程注意事项：要清理干净被测螺纹油污及杂质；一般情况下，在螺纹塞规与被测螺纹对正后，用大拇指与食指转动环规，使其在自由状态下旋合通过螺纹全部长度判定合格，否则以不通过判定。企业可根据零件的实际情况设定合格标准。

（4）维护与保养。

螺纹塞规使用完毕后，应及时清理干净测量部位的附着物，将螺纹塞规存放在量具盒内。使用过程中，应轻拿、轻放，以防止磕碰而损坏测量表面。严禁将量具作为切削工具强制旋入螺纹，避免造成早期磨损，确保量具的准确性。

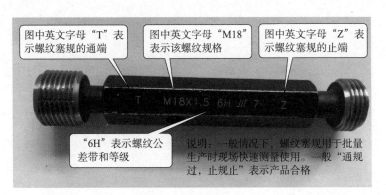

图中英文字母"T"表示螺纹塞规的通端

图中英文字母"M18"表示该螺纹规格

图中英文字母"Z"表示螺纹塞规的止端

"6H"表示螺纹公差带和等级

说明：一般情况下，螺纹塞规用于批量生产时现场快速测量使用。一般"通规过，止规止"表示产品合格

图11.13 螺纹塞规

第**12**章

宏程序在
铣削加工中的应用

12.1　用户宏程序概述

　　宏程序与子程序类似，对编制相同加工的操作可以使程序简化，同时宏程序中可以使用变量、算术和逻辑运算及转移指令，还可以方便地实现循环程序设计。使相同加工操作的程序更方便、更灵活。本章以FANUC系统为例介绍B类宏程序编制的方法。

　　在数控加工中，经常要对加工零件的某一部分的形状反复进行切削，这时候使用子程序的编程效果较好，它可以缩短程序编制时间，使程序清晰明了，同时程序占用储存器内存较小，但是，对于不同零件、不同部分，且具有相似形状的零件，子程序的通用性就差了；而宏程序不仅具有子程序的所有特点，并且它的最大优点就是通用性。因此，以一组子程序的形式存储并带有变量的程序称为用户宏程序，简称宏程序。调用宏程序的指令称为"用户宏程序指令"，或宏程序调用指令（简称宏指令）。根据数控系统的不同，FANUC系统又分为A类宏程序和B类宏程序，本书主要介绍B类宏程序。图12.1所示的加工面均是由宏程序编制加工完成的。

(a) 复杂加工曲面　　　　(b) 椭圆（公式曲线）　　　(c) 梯形曲面零件

图12.1　加工工件

12.2 宏程序编程基础

12.2.1 宏程序中的变量

在常规的主程序和子程序里，总是将一个具体的数值赋值给一个地址，我们把这种赋值称为常量赋值，而宏程序为了使程序具有更好的通用性和灵活性，则需要在程序中设置变量，即把一个变量赋值给一个地址，这种情况我们称为变量赋值。

1. 变量的表示

一个变量由符号"#"和变量序号组成，例如：#J（J=1，2，…），如图12.2所示。此外，变量还可以用表达式进行表示，但其表达式必须写入中括号"［ ］"里。例如：#100，#200，#［#1+#2］。

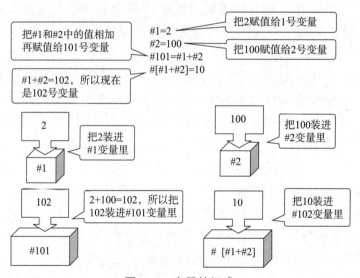

图12.2　变量的组成

2. 变量的引用

将跟随在地址符后的数值用变量来代替的过程称为引用变量。同样，引用变量也可以用表达式，如图12.3所示。

图中"G01 X#100 Y−#101 F［#102/2］；"有三个变量，分别是#100、#101和#102；当#100=50.0、#101=30.0、#102=80.0时，"G01 X#100 Y−#101 F［#102/2］；"即表示为"G01 X50 Y−30 F40；"。

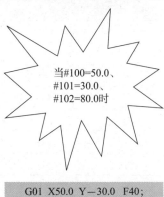

图12.3 变量的引用

3. 变量的种类

按变量号码可将变量分为局部变量、公共变量、系统变量，其用途和性质都是不同的，如表12.1所示。

表12.1 变量的种类

变量号	变量类型	功能
#0	"空"	这个变量总是空的，不能赋值
#1~#33	局部变量	局部变量只能在宏中使用，以保持操作的结果，关闭电源时，地方变量被初始化成"空"。宏调用时，自变量分配给地址变量
#100~#149（#199） #500~#531（#999）	公共变量	公共变量可在不同的宏程序间共享。关闭电源时变量#100~#149被初始化成"空"，而变量#500~#999保持数据
#1000及其以上	系统变量	系统变量用于读写各种NC数据项，如当前位置、刀具补偿值

4. 各种变量的图解

#1~#33为局部变量，局部变量只能在宏程序中存储数据。当断电时，局部变量被初始化为空，调用宏程序时，自变量对局部变量赋值。自变量指定I型的变量对应关系如表12.2所示。

下面举例说明自变量指定I型的变量的使用方法，如图12.4所示。

自变量指定Ⅱ型的变量对应关系如表12.3所示。

自变量指定Ⅱ型使用A、B、C各1次，使用I、J、K各10次。

系统能够自动识别自变量指定I型和自变量指定II型，并赋给宏程序中相应的变量号。如果自变量指定I型和自变量指定II型混合使用，则后指定的自变量类型有效。例如：

G65 A1.0 B2.0 I-3.0 I4.0 D5.0 P1000；

表12.2　自变量指定 I 型的变量对应关系

地址（自变量）	变量号	地址（自变量）	变量号	地址（自变量）	变量号
A	#1	I	#4	T	#20
B	#2	J	#5	U	#21
C	#3	K	#6	V	#22
D	#7	M	#13	W	#23
E	#8	Q	#17	X	#24
F	#9	R	#18	Y	#25
H	#11	S	#19	Z	#26

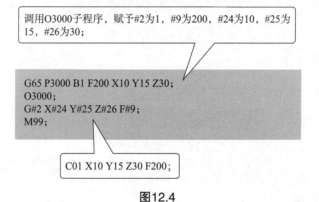

调用O3000子程序，赋予#2为1，#9为200，#24为10，#25为15，#26为30；

```
G65 P3000 B1 F200 X10 Y15 Z30；
O3000；
G#2 X#24 Y#25 Z#26 F#9；
M99；
```

C01 X10 Y15 Z30 F200；

图12.4

表12.3　自变量指定 II 型的变量对应关系

地址（自变量）	变量号	地址（自变量）	变量号	地址（自变量）	变量号
A	#1	K_3	#12	J_7	#23
B	#2	I_4	#13	K_7	#24
C	#3	J_4	#14	I_8	#25
I_1	#4	K_4	#15	J_8	#26
J_1	#5	I_5	#16	K_8	#27
K_1	#6	J_5	#17	I_9	#28
I_2	#7	K_5	#18	J_9	#29
J_2	#8	I_6	#19	K_9	#30
K_2	#9	J_6	#20	I_{10}	#31
I_3	#10	K_6	#21	J_{10}	#32
J_3	#11	I_7	22	K_{10}	#33

宏程序中：#1为1.0；#2为2.0；#4为−3.0；#7为5.0。

说明：I4.0为自变量指定II型，D为自变量指定I型，所以#7使用指定类型中的D5.0，而不使用自变量指定II中的I4.0。如果您还没有理解，请看下面图12.5所示内容，其中I-3.0为此程序段中第一个I，故$I_1=-3.0$，对应#4变量。I4.0为此程序段中第二个I，故为$I_2=4$，对应#7变量。D为自变量指定I型变量，对应#7变量。这时就会发现，在同一程序段中有两个赋值对应一个变量现象。

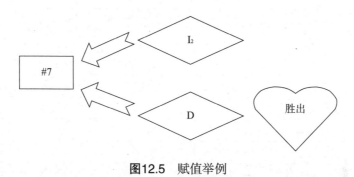

图12.5 赋值举例

在这种情况下，系统会默认执行第二个变量，故#7赋值为5.0mm。

5. 公共变量

#100~#199、#500~#999为公共变量，公共变量在不同的宏程序中意义相同。当断电时，变量#100~#199被初始化为空，变量#500~#999的数据不会丢失。全局变量的数值范围为$10^{-29}\sim10^{47}$或$-10^{47}\sim-10^{-29}$，如果计算结果超过该范围则发出P/S报警No.111。

宏程序在编制过程中，其结构分为以下几个部分，如图12.6所示。

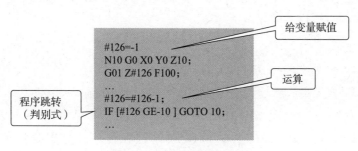

图12.6 宏程序编制结构

12.2.2 变量的赋值

变量赋值的方法有两种，即直接赋值和引数赋值。其中，直接赋值的方法较为直观、方便，其书写格式如下：

#100=100.0

#101=30.0+20.0

12.2.3　宏程序的运算

程序的运算类似于数学运算与逻辑运算，用各种数学符号来表达。常用运算指令表如表12.4所示。

表12.4　常用运算指令表

运算符	定　义	举　例	运算符	定　义	举　例
=	定义	#i=#j	TAN	正切	#i=TAN［#J］
+	加法	#i=#j+#k	ATAN	反正切	#i=ATAN［#J］
-	减法	#i=#j−#k	SQRT	平方根	#i=SQRT［#J］
*	乘法	#i=#j*#k	ABS	绝对值	#i=ABS［#J］
/	除法	#i=#j/#k	ROUND	舍入	#i=ROUND［#J］
SIN	正弦	#i=SIN［#J］	FIX	上取整	#i=FIX［#J］
ASIN	反正弦	#i=ASIN［#J］	FUP	下取整	#i=FUP［#J］
COS	余弦	#i=COS［#J］	LN	自然对数	#i=LN［#J］
ACOS	反余弦	#i=ACOS［#J］	EXP	指数函数	#i=EXP［#J］
OR	或运算	#i=#j OR #k	BIN	十~二进制转换	#i=BIN［#J］
XOR	异或运算	#i=#j XOR #k	BCD	二~十进制转换	#i=BCD［#J］
AND	与运算	#i=#j AND #k			

12.2.4　控制跳转指令

控制指令可以控制用户宏程序主体的程序流程，主要有以下三种类型。

1. 条件转移(IF 语句)

指令格式：

　　IF[<条件式>] GOTO n (n=顺序号)

<条件式>成立时，从顺序号为n的程序以下执行；<条件式>不成立时，执行下一个程序段，如图12.7所示。

例如：IF［#1 GE −50］GOTO 20，这段程序的意思是：如果1号变量大于或等于−50，则跳转至N20程序段，反之程序执行下一程序段。

2. 循环（WHILE语句）

指令格式：

　　WHILE[<条件式>] DO m (m =1，2，3)；

　　…

　　END m；

当<条件式>成立时，从DOm的程序段到ENDm的程序段重复执行；当<条

EQ可以换成NE、GT、LT、GE、LE，它们分别对应的含义是：

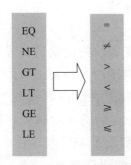

图12.7 条件转移（IF语句）

件式>如果不成立时，则从ENDm的下一个程序段执行，如图12.8所示。DO后的数和END后的数为指定程序执行范围的标号，标号值为1，2，3。若用1，2，3以外的值会产生P/S报警No.126。

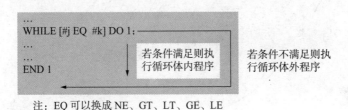

图12.8 循环（WHILE语句）

3. 无条件转移语句(GOTO语句)

指令格式：

    GOTO n

例如，GOTO 10表示转移到N10程序段中，如图12.9所示。

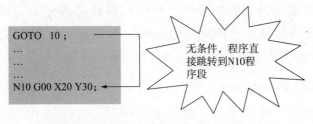

图12.9 无条件转移语句（GOTO语句）

12.3 宏程序编程加工实例（平面轮廓的加工）

12.3.1 G05.1 Q1和G05.1 Q0

指令格式：

G05.1 Q1；　　　（程序段的衔接进行光顺加工打开）

G05.1 Q0；　　　（程序段光顺加工关闭）

说明：程序在执行过程中，平面内曲线轮廓或者曲面轮廓实际为拟合加工成轮廓，它由无数的拟合点组成，轮廓程序段为拟合直线段形式，见图12.10所示。为了提高轮廓拟合质量和精度，往往在编程时使用G05.1指令进行光顺加工，以提高曲线或者曲面质量。

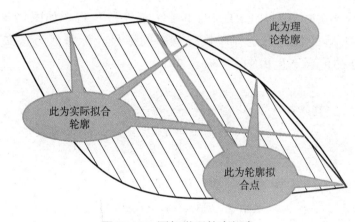

图12.10 图解微观轮廓拟合

12.3.2 数控加工前准备工作

1．分析零件图

如图12.11所示，该零件材料为45钢，在工序之前，毛坯所有外表面已经加工完毕。该零件为椭圆密封槽，其中，椭圆槽部分需要加工，加工主要分为粗铣和精铣两部分。槽的宽度为6mm，采用ϕ5mm铣刀进行粗铣，因为是单件产品，所以精铣也使用此刀，以减少换刀次数。

2．椭圆的参数编程分析

在编制此类零件程序时，一般采用两种方法进行加工，即椭圆标准方程和参数方程。

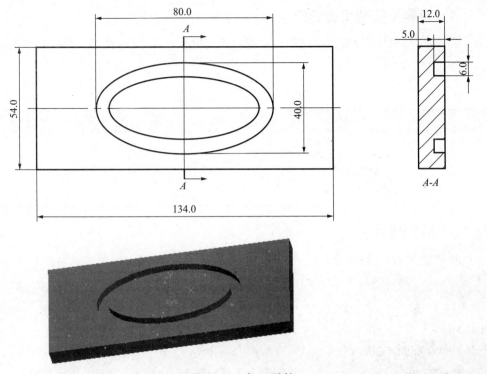

图12.11　加工零件

本书采用参数方程来编写椭圆加工程序。一般先将工件原点偏置到椭圆中心，采用直线逼近（拟合）在椭圆上以角度分段，以1°～5°为一个步距，并设置角度为自变量。这样椭圆的 X 和 Y 坐标就随着自变量的变化而变化，X 和 Y 称为变量。

采用参数方程 $x=\cos\theta\times a$，$y=\sin\theta\times b$，其中 x 为椭圆的 X 坐标点，y 为椭圆的 Y 坐标点，a 为长半轴，b 为椭圆的短半轴，如图12.12所示。

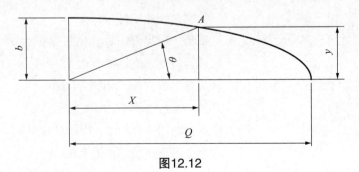

图12.12

12.3.3　工具、量具和夹具的选择

工具、量具和夹具的选择参见第5章的表5.1。

12.3.4 刀具及切削用量选择

该工件材料为铝料，切削性能较好，采用 ϕ 6mm 键槽铣刀直接加工即可，如表12.5所示。

表12.5 刀具及切削用量

刀 号	刀 具	工作内容	f / (mm/min)	a_p/mm	n (r/min)
T01 ϕ 6mm 键槽铣刀		粗加工，加工深度为1mm	150	0.5	1500

12.3.5 数控编程

本例加工程序如下所示。

程 序	注 释
O0001 ；	（程序名）
T01 M06 ；	（换刀 T01 号刀具，即 ϕ 6mm 键槽刀）
G40 G80 G90 G54 G00 X37.0 Y0 ；	（取消刀具补偿，主轴正转，调入 G54 坐标系）
G43 H01 Z100.0 ；	（调入 1 号刀具高度补偿）
S1500 M03 ；	（主轴正转）
Z50.0 M08 ；	（初始安全高度）
#3=-2 ；	（赋值深度起值，赋予 #3 变量值为 -2）
#4=-6 ；	（赋值深度终值，赋予 #4 变量值为 -6）
N10 G00 X37.0 Y0 ；	（循环起刀点）
Z2.0 ；	（快速定位）
G01 Z#3 F100 ；	（下刀至 #3（前面 #3 为 -2mm））
G5.1 Q1 ；	（轮廓光顺加工打开）
#1=0 ；	（赋值角度起值，赋予 #1 变量值为 0）
#2=360 ；	（赋值角度起值，赋予 #2 变量值为 360）
N20 #5=COS[#1]*37 ；	（运算参数方程 X，即长半轴）
#6=SIN[#1]*17 ；	（运算参数方程 Y，即短半轴）
G01 X#5 Y#6 F150 ；	（执行椭圆拟合加工，即运算后参数）
#1=#1+0.5 ；	（角度运算叠加，布距为 0.5°）
IF[#1 LE #2] GOTO 20 ；	（条件式：如果 #1 变量小于等于 #2 变量时，跳转至 N20，也就是说 0° 开始小于等于 360° 时（每 0.5° 为一个布距）回到 N20 继续运算，直到 360.5° 时执行下一句程序）

程 序	注 释
G00 Z2.0 ；	（抬刀）
#3=#3-2 ；	（深度运算叠加，布距为 2mm）
IF[#3 GE #4] GOTO 10 ；	（条件式：如果 #3 变量大于等于 #4 变量时，跳转至 N10，也就是说从 -2 开始大于等于（每 2mm 为一个布距）-6 时回到 N10 继续运算，直到 -8 时执行下一句程序）
G00 Z100.0 M05 ；	（抬刀至安全位置）
M09 ；	（切削液关闭）
M30 ；	（程序结束）

参考加工程序的操作步骤图解见表12.6。

表12.6 图解加工程序

程序内容	动作说明
O0001；	程序名
T01 M06；	换刀T01号刀具（Φ6mm键槽刀）
G40 G80 G90 G54 G00 X37.0 Y0；	取消刀具补偿，主轴正转，调入G54坐标系
G43 H01 Z100.0；	调入1号刀具高度补偿
S1500 M03；	主轴正转
Z50.0 M08；	初始安全高度
#3=-2；	赋值
#4=-6；	
N10 G00 X37.0 Y0；	循环起刀点
Z2.0；	快速定位
G01 Z#3 F100；	下刀至#3（前面#3为-2mm）
G5.1 Q1；	轮廓光顺加工打开
#1=0；	
#2=360；	

续表12.6

程序内容	动作说明
N20 #5=COS[#1]*37; #6=SIN[#1]*17; G01 X#5 Y#6 F150; #1=#1+0.5; IF[#1 LE #2] GOTO 20;	深度 −2mm
G00 Z2.0;	抬刀
#3=#3−2; IF[#3 GE #4] GOTO 10;	深度 −4mm
G00 Z100.0 M05;	抬刀至安全位置
M09;	切削液关闭
M30;	程序结束

12.4 数控加工实施

12.4.1 装夹工件并找正

检查毛坯尺寸。根据工件的大小和加工需求，确定选择怎样的毛坯并测量工件毛坯尺寸。装夹工件的方法与前面章节所述内容一致，具体操作步骤请参照第5章的内容。

12.4.2 确定坐标系并对刀

从图12.11可以看出，该工件所有尺寸是以工件中心为基准，故在设定工件坐标系时，应将工件坐标系原点设置在工件中心位置，易于数控编程，在对刀时也应考虑编程原点和工件原点要重合，如图12.13所示。

X、Y方向采用百分表对刀法，将机床坐标系原点偏置到工件坐标系原点上，通过对刀操作得到X、Y坐标偏置值，并输入到G54坐标系中，G54坐标系中Z坐标输入0。具体详细步骤见第4章单边对刀步骤。

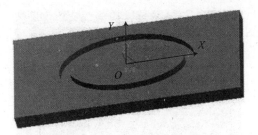

图12.13 工件坐标系原点

12.4.3 装刀（确定刀具长度补偿）

工件的Z轴坐标原点设置为上表面，按要求测量刀具长度补偿值，并将数值输入到刀具长度补偿寄存器的参数中（对应的刀具长度补偿号为H01或者直接存储在G54坐标系中），如图12.14、图12.15所示。

图12.14 刀具长度补偿

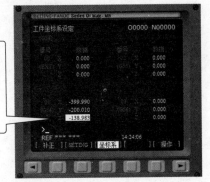

将对刀原点机械坐标直接存储至G54坐标系中。因为只有一把刀具，故可以不用高度补偿

图12.15 直接存储至G54坐标系中

12.4.4 编程及加工

调入前面编辑好的程序O0001输入到机床中（图12.16），将操作按钮

图12.16 调入程序

置于自动执行状态，按下开始键进行加工。

12.4.5 检验（去毛刺）

曲线、曲面测量一般采用三坐标测量仪进行测量，采用"比对测量法"。通过实际建模和实际测量建模进行比对测量来检测误差。本例主要重点在于对于"宏程序"的理解，其测量只对其长短轴等进行测量，实际轮廓忽略不计。

附　录

附录1　FANUC 0i系统常用G指令

代码	组别	功能	代码	组别	功能
*G00	01	点定位	G56	14	选择工件坐标系3
*G01		直线插补	G57		选择工件坐标系4
G02		顺时针方向圆弧插补	G58		选择工件坐标系5
G03		逆时针方向圆弧插补	G59		选择工件坐标系6
G04	00	暂停	G65	00	宏程序调用
G09		准确停止	G66	12	宏程序模态调用
*G15	17	极坐标指令取消	*G67		宏程序模态调用取消
G16		极坐标指令	G68	16	坐标旋转有效
*G17	02	XY平面选择	*G69		坐标旋转取消
*G18		XZ平面选择	G73	09	高速深孔啄钻循环
*G19		YZ平面选择	G74		左旋攻丝循环
G20	06	英制（in）输入	G76		精镗孔循环
*G21		公制（mm）输入	*G80		取消固定循环
G27	00	机床返回参考点检查	G81		钻孔循环
G28		机床返回参考点	G82		沉孔循环
G29		从参考点返回	G83		深孔啄钻循环
G30		返回第2、3、4参考点	G84		右旋攻丝循环
*G40	07	刀具半径补偿取消	G85		绞孔循环
G41		刀具半径补偿-左	G86		镗孔循环
G42		刀具半径补偿-右	G87		反镗孔循环
G43	08	刀具长度补偿-正	G88		镗孔循环
G44		刀具长度补偿-负	G89		镗孔循环
*G49		刀具长度补偿取消	*G90	03	绝对尺寸
*G50	11	比例缩放取消	G91		增量尺寸
G51		比例缩放有效	G92	00	设定工作坐标系

续表

代码	组别	功 能	代码	组别	功 能
*G50.1	22	可编程镜像	*G94	05	每分进给
G51.1		可编镜像有效	G95		每转进给
G52	00	局部坐标系设定	*G96	13	恒周速控制方式
G53		选择机床坐标系	G97		恒周速控制取消
*G54	14	选择工件坐标系1	G98	10	固定循环返回起始点方式
G55		选择工件坐标系2	*G99		固定循环返回R点方式

说明：上表中，标有"＊"号的G代码为模态代码，也是机床默认状态；个别同组中的默认代码可由系统参数设定选择，此时默认状态发生变化；G代码按其功能的不同分为若干组。不同组的G代码在同一个程序段中可以指定多个，但如果在同一个程序段中指定了两个或两个以上属于同一组的G代码时，只有最后面的那个G代码有效；在固定循环中，如果指定了01组的G代码，则固定循环被取消，即为G80状态；但01组的G代码不受固定循环G代码影响。

附录2　FANUC系统准备功能M代码

代码	功 能	代码	功 能
M00	程序停止	M06	更换刀具
M01	程序有条件停止	M08	冷却液开
M02	程序结束	M09	冷却液关
M03	主轴顺时针方向	M30	程序结束并返回起点
M04	主轴逆时针方向	M98	子程序调用
M05	主轴停止	M99	子程序返回

控制机床及其辅助装置的通断的指令。用地址M和两位数字表示，从M00～M99共有100种，数控铣削及加工中心编程常用辅助功能指令。

附录3　表示地址的英文字母的含义

地 址	功 能	含 义	地 址	功 能	含 义
A	坐标字	绕X轴旋转	N	顺序号	程序段顺序号
B	坐标字	绕Y轴旋转	O	程序号	程序号、子程序的指定
C	坐标字	绕Z轴旋转	P	字符	暂停时间或程序中某功能的开始使用的顺序号
D	刀具半径补偿号	刀具半径补偿指令	Q	字符	固定循环终止段号或固定循环中的定距
E	字符	第二进给功能	R	坐标字	固定循环定距离或圆弧半径的指定
F	进给速度	进给速度指令	S	主轴功能	主轴转速的指令
G	准备功能	动作方式指令	T	刀具功能	刀具编号的指令
H	刀具长度补偿号	刀具长度补偿指令	U	坐标字	与X轴平行的附加轴增量坐标值
I	坐标字	圆弧中心相对于起点的X轴向坐标	V	坐标字	与Y轴平行的附加轴增量坐标值
J	坐标字	圆弧中心相对于起点的Y轴向坐标	W	坐标字	与Z轴平行的附加轴增量坐标值
K	坐标字	圆弧中心相对于起点的Z轴向坐标	X	坐标字	X轴的绝对坐标值或暂停时间
L	重复次数	固定循环及子程序重复次数	Y	坐标字	Y轴的绝对坐标值
M	辅助功能	机床开/关指令	Z	坐标字	Z轴的绝对坐标值

附录4　数控铣床工安全操作规程

（1）作业人员必须持证上岗。

（2）上岗前必须穿戴好本岗位要求的劳动防护用品。

（3）工作时不准聊天、离岗，在班前、班上不准喝酒。

（4）当操作机床时严禁戴手套。操作时必须戴防护眼镜。

（5）开机前检查机械电气，各操作手柄、防护装置等是否安全可靠，设备PE接地是否牢靠。

（6）认真检查机床上的刀具、夹具、工件装夹是否牢固，安全可靠，保证机床在加工过程中受到冲击时不致松动而发生事故。

（7）禁止将工具、刀具、物件放置于工作台、操作面板、主轴头、护板上，机械安全防护罩、隔离挡板必须完好。

（8）遵守加工产品工艺要求，严禁超负荷使用机床。

（9）严禁用手试摸刀刃是否锋利或检查加工表面是否光洁。

（10）加工中在铣刀头将要接近工件时，必须改为手动对刀，铣削正常后再改为自动走刀。

（11）系统在启动过程中，严禁断电或按动任意键。

（12）禁止敲打系统显示屏，禁止随意改动系统参数。

（13）拆装刀具时，台面需垫木板，禁止用手去托刀盘。

（14）使用扳手时，开口要适当，用力不可过猛，防止滑倒或碰伤；扳手加套管加力时，两脚须前后站立，以防后仰发生事故。

（15）专用胎具、夹具、立式分度盘、分度头，应保持清洁，使用前要认真检查。

（16）发现设备异常必须由专业人员进行检查维修。严禁设备带"病"运行。

（17）作业结束后，清理好工作场地，关闭电源，清洁设备，按规定恢复机床各部位置，填写好交班记录。

科 学 出 版 社
科龙图书读者意见反馈表

书　　名：_____

个人资料

姓　　名：_____　年　　龄：_____　联系电话：_____

专　　业：_____　学　　历：_____　所从事行业：_____

通信地址：_____　邮　编：_____

E-mail：_____

宝贵意见

◆ 您能接受的此类图书的定价

　　20 元以内□　　30 元以内□　　50 元以内□　　100 元以内□　　均可接受□

◆ 您购本书的主要原因有(可多选)

　　学习参考□　　教材□　　业务需要□　　其他_____

◆ 您认为本书需要改进的地方(或者您未来的需要)

_____

_____

◆ 您读过的好书(或者对您有帮助的图书)

_____

_____

◆ 您希望看到哪些方面的新图书

_____

_____

◆ 您对我社的其他建议

_____

_____

　　谢谢您关注本书！您的建议和意见将成为我们进一步提高工作的重要参考。我社承诺对读者信息予以保密，仅用于图书质量改进和向读者快递新书信息工作。对于已经购买我社图书并回执本"科龙图书读者意见反馈表"的读者，我们将为您建立服务档案，并定期给您发送我社的出版资讯或目录；同时将定期抽取幸运读者，赠送我社出版的新书。如果您发现本书的内容有个别错误或纰漏，烦请另附勘误表。

回执地址：北京市朝阳区华严北里 11 号楼 3 层

　　　　　　科学出版社东方科龙图文有限公司电工电子编辑部(收)

　　　　　　邮编：100029